From Possibilities to Results: Grasping Probability and Statistics

నుండి సాధ్యలు కు ఫలితాలు గ్రహించడం సంభావ్యత మరియు గణాంకాలు

Vikram Mehta

TABLE OF CONTENT

- What is probability and why is it important?
- Understanding basic concepts like randomness, events, and outcomes.
- Real-world examples of probability in action (e.g., weather forecasting, sports betting, medical diagnosis).
- The role of statistics in making sense of data and drawing conclusions.

- Fundamental rules of probability: addition, multiplication, and complements.
- Permutations and combinations: understanding how many ways events can occur.
- Probability distributions: visualizing the likelihood of different outcomes.
- Bayes' theorem: updating our beliefs based on new information.

Chapter7. Advanced Statistical Techniques 62

- ANOVA (Analysis of Variance): comparing means between multiple groups.

- Chi-square test: assessing independence between categorical variables.

- Time series analysis: understanding trends and patterns over time.

- Non-parametric statistics: when the data doesn't follow a normal distribution.

Chapter8. Putting it All Together: Case Studies and Applications 71

- Real-world examples of how probability and statistics are used in various fields (e.g., finance, medicine, marketing, social sciences).

- Showcasing the power of statistical analysis in solving real-world problems.

- Encouraging critical thinking and interpretation of statistical results.

Emerging trends and applications in the field of data science.

The ethical implications of using statistics and the importance of responsible data analysis.

Envisioning the future of probability and statistics as a tool for understanding and shaping the world around us.

విషయ సూచిక

అధ్యాయం 1: పరిచయం: అనిశ్చితిని స్వీకరించడం

- సంభావ్యత అంటే ఏమిటి మరియు ఎందుకు ఇది ముఖ్యమైనది?

- యాదృచ్చికత, సంఘటనలు మరియు ఫలితాల వంటి ప్రాథమిక భావనలను అర్థం చేసుకోవడం.

- వాతావరణ అంచనాలు, క్రీడలు బెట్టింగ్, వైద్య నిర్ధారణ వంటి సంభావ్యత యొక్క వాస్తవ ప్రపంచ ఉదాహరణలు.

- డేటాను అర్థం చేసుకోవడం మరియు నిర్ధారణలను తీయడంలో గణాంకాల పాత్ర.

అధ్యాయం 2: సంభావ్యత యొక్క భాష: లెక్కించడం మరియు అవకాశాలను కలపడం

సంభావ్యత యొక్క ప్రాథమిక నియమాలు: కూడిక, గుణకారం మరియు పూరకాలు.

పరివర్తనాలు మరియు కలయికలు: సంఘటనలు ఎన్ని విధాలుగా సంభవించగలవు అనేది అర్థం చేసుకోవడం.

సంభావ్యత పంపిణీలు: వివిధ ఫలితాల యొక్క సాధ్యతను ఊహించడం.

బేయస్ సిద్ధాంతం: కొత్త సమాచారం ఆధారంగా మన నమ్మకాలను నవీకరించడం.

అధ్యాయం 3: యాదృచ్చిక వేరియబుల్స్ మరియు సంభావ్యత పంపిణీలు

- విభిన్న vs నిరంతర యాదృచ్చిక వేరియబుల్స్: డేటా యొక్క స్వభావాన్ని అర్థం చేసుకోవడం.

- సాధారణ సంభావ్యత పంపిణీలు: ద్వినామ, పాయిస్సన్, సాధారణ, మొదలైనవి.

- కేంద్రీకరణ మరియు విస్తరణ యొక్క కొలతలతో పంపిణీలను వివరించడం (గరిష్ట, మధ్యస్థ, మోడ్, వేరియన్స్, మొదలైనవి).

- చెబిషేవ్ సిద్ధాంతం: డేటా యొక్క సాధారణ ప్రవర్తనను అర్థం చేసుకోవడం.

అధ్యాయం 4: శాంప్లింగ్ మరియు అంచనా

* జనాభా నుండి ప్రతినిధి నమూనాలను ఎలా సేకరించాలి.
* పాయింట్ అంచనాలు మరియు విశ్వాస గణాంకాలు: నమూనా డేటా నుండి జనాభా పారామితుల గురించి నిర్ధారణలు చేయడం.
* శాంప్లింగ్ పక్షపాతం మరియు దానిని ఎలా నివారించాలి.
* అంచనా ఖచ్చితత్వంలో నమూనా పరిమాణ పాత్ర.

అధ్యాయం 5: పరికల్పన పరీక్షణ: డేటాతో నిర్ణయాలు తీసుకోవడం

* శూన్య మరియు ప్రత్యామ్నాయ పరికల్పనలు: మేము ఏమి పరీక్షించాలనుకుంటున్నామో తెలియజేయడం.
* p-విలువలు మరియు గణాంకపరమైన ప్రాముఖ్యత: పరికల్పన పరీక్షణ ఫలితాలను అర్థం చేసుకోవడం.
* టైప్ I మరియు టైప్ II లోపాలు: తప్పు నిర్ణయాలు తీసుకునే ప్రమాదాలను అర్థం చేసుకోవడం.
* ఒక-వైపు మరియు రెండు-వైపు పరీక్షణలు: మీ పరిశోధన ప్రశ్నకు సరైన విధానాన్ని ఎంచుకోవడం.

అధ్యాయం 6: రిగ్రెషన్ విశ్లేషణ: సంబంధాలను బయటపెట్టడం

- సంబంధం vs. కారణత్వం యొక్క భావనను అర్థం చేసుకోవడం.

- లీనియర్ రిగ్రెషన్: ఒక ఆధారపడిన వేరియబుల్ మరియు ఒకటి లేదా అంతకంటే ఎక్కువ స్వతంత్ర వేరియబుల్స్ మధ్య సంబంధాన్ని మోడలింగ్ చేయడం.

- రిగ్రెషన్ గుణకాలు మరియు మంచితనం యొక్క కొలతలను అర్థం చేసుకోవడం.

- బహుళ కొలినియారిటీ మరియు ఇతర సాధారణ రిగ్రెషన్ సమస్యలతో వ్యవహారం.

అధ్యాయం 7: అధునాతన గణాంక శాస్త్ర పద్ధతులు

- ఎనోవా (విచలన విశ్లేషణ): బహుళ సమూహాల మధ్య సగటులు పోల్చడం.

- చి-స్క్వేర్ పరీక్షణ: వర్గీకృత వేరియబుల్స్ మధ్య స్వాతంత్ర్యాన్ని అంచనా వేయడం.

- టైం సిరీస్ విశ్లేషణ: ట్రెండ్లు మరియు నమూనాలను కాలక్రమంలో అర్థం చేసుకోవడం.

- నాన్-పారామెట్రిక్ గణాంకాలు: డేటా సాధారణ పంపిణీని అనుసరించనప్పుడు.

అధ్యాయం 8: అన్నీ కలిపి: కేసు అధ్యయనాలు మరియు అనువర్తనాలు

- వివిధ రంగాలలో ఉపయోగించబడే సంభావ్యత మరియు గణాంకాలు యొక్క నిజ-ప్రపంచ ఉదాహరణలు (ఉదా., ఆర్థిక, వైద్య, మార్కెటింగ్, సామాజిక శాస్త్రాలు).

- నిజ-ప్రపంచ సమస్యలను పరిష్కరించడంలో గణాంక విశ్లేషణ యొక్క శక్తిని ప్రదర్శించడం.

- విమర్శనాత్మక ఆలోచన మరియు గణాంక ఫలితాల యొక్క వివరణను ప్రోత్సహించడం.

అధ్యాయం 9: సంభావ్యత మరియు గణాంకాల భవిష్యత్తు

- డేటా సైన్స్ రంగంలో కొత్త ధోరణులు మరియు అనువర్తనాలు.

- గణాంకాలను ఉపయోగించడం యొక్క నీతిపరమైన ప్రభావాలు మరియు బాధ్యతాయుత డేటా విశ్లేషణ యొక్క ప్రాముఖ్యత.

- మన చుట్టూ ఉన్న ప్రపంచాన్ని అర్థం చేసుకోవడం మరియు ఆకృతీకరించడంలో ఒక సాధనంగా సంభావ్యత మరియు గణాంకాల భవిష్యత్తును ఊహించడం.

Chapter1. Introduction: Embracing Uncertainty

అధ్యాయం 1: పరిచయం: అనిశ్చితిని స్వీకరించడం

సంభావ్యత అంటే ఏమిటి మరియు ఎందుకు ఇది ముఖ్యమైనది?

సంభావ్యత అనేది ఒక సంఘటన జరిగే అవకాశం. ఇది ఒక సంఖ్యతో సూచించబడుతుంది, 0 నుండి 1 వరకు. 0 అంటే సంఘటన జరగడం అసాధ్యం, మరియు 1 అంటే సంఘటన జరగడం ఖచ్చితం.

ఉదాహరణకు, ఒక ముక్క ముక్కను ఒకసారి గుండుగా దూసినప్పుడు, సంభావ్యత 1/6 అవుతుంది. ఈ సందర్భంలో, 6 భిన్నమైన ఫలితాలు ఉన్నాయి: ముక్క ముఖం, ముక్క పైభాగం, ముక్క ఎడమ, ముక్క కుడి, ముక్క ముందు, మరియు ముక్క వెనుక. ముక్క ముఖం పైన పడే అవకాశం 1/6, ఎందుకంటే ఇది 6 ఫలితాలలో ఒకటి.

సంభావ్యత అనేది చాలా ముఖ్యమైన భావన. ఇది అనేక రంగాలలో ఉపయోగించబడుతుంది, వీటిలో:

గణితం: సంభావ్యత గణితంలో ఒక ముఖ్యమైన భాగం. ఇది సంఘటనల యొక్క అవకాశాలను అంచనా వేయడానికి ఉపయోగించబడుతుంది.

- శాస్త్రం: సంభావ్యత శాస్త్రంలో అనేక రంగాలలో ఉపయోగించబడుతుంది, వీటిలో:

  - మెకానిక్స్: సంభావ్యత శక్తి, వేగం, మరియు స్థానం వంటి కణాల యొక్క భౌతిక లక్షణాలను అంచనా వేయడానికి ఉపయోగించబడుతుంది.

  - శాస్త్రీయ పరిశోధన: సంభావ్యత శాస్త్రీయ పరిశోధనలో డేటాను విశ్లేషించడానికి ఉపయోగించబడుతుంది.

- ఆర్థిక శాస్త్రం: సంభావ్యత ఆర్థిక శాస్త్రంలో అనేక రంగాలలో ఉపయోగించబడుతుంది, వీటిలో:

  - పెట్టుబడి: సంభావ్యత పెట్టుబడిదారులు వారి పెట్టుబడుల యొక్క రిస్క్ మరియు రివార్డులను అంచనా వేయడానికి ఉపయోగించబడుతుంది.

  - భీమా: సంభావ్యత భీమా కంపెనీలు భీమా పాలసీలను రూపొందించడానికి మరియు చెల్లింపులను అంచనా వేయడానికి ఉపయోగించబడుతుంది.

- వైద్యశాస్త్రం: సంభావ్యత వైద్యశాస్త్రంలో అనేక రంగాలలో ఉపయోగించబడుతుంది, వీటిలో:

  - రోగ నిర్ధారణ: సంభావ్యత వైద్యులు రోగులకు రోగ నిర్ధారణ చేయడానికి ఉపయోగించబడుతుంది.

  - చికిత్స: సంభావ్యత వైద్యులు రోగులకు చికిత్సల యొక్క ప్రభావాన్ని అంచనా వేయడానికి ఉపయోగించబడుతుంది.

యాదృచ్చికత, సంఘటనలు మరియు ఫలితాల వంటి ప్రాథమిక భావనలను అర్థం చేసుకోవడం

యాదృచ్చికత అనేది ఒక సంఘటన జరిగే అవకాశం. ఇది ఒక సంఖ్యతో సూచించబడుతుంది, 0 నుండి 1 వరకు. 0 అంటే సంఘటన జరగడం అసాధ్యం, మరియు 1 అంటే సంఘటన జరగడం ఖచ్చితం.

సంఘటన అనేది ఒక ఫలితం యొక్క సాధ్యత. ఇది ఒక వాస్తవం లేదా ఒక అంచనా కావచ్చు.

ఫలితం అనేది ఒక సంఘటన జరిగినప్పుడు సంభవించేది. ఇది ఒక నిర్దిష్ట విలువ, ఒక నిర్దిష్ట క్షణం, లేదా ఒక నిర్దిష్ట స్థితి కావచ్చు.

ఈ ప్రాథమిక భావనలను అర్థం చేసుకోవడం సంభావ్యతను అర్థం చేసుకోవడానికి చాలా ముఖ్యం.

యాదృచ్చికతను అర్థం చేసుకోవడానికి కొన్ని మార్గాలు

- అనుభవం ద్వారా: మనం ప్రపంచాన్ని చూసినప్పుడు, మనం యాదృచ్చికతను అనుభవిస్తాము. ఉదాహరణకు, మనం ఒక కాయిన్‌ను టస్ చేయవచ్చు మరియు ముఖం పైన పడే అవకాశం సుమారు 50% అని మనం తెలుసుకుంటాము.

- గణితం ద్వారా: సంభావ్యతను గణితం ద్వారా అర్థం చేసుకోవచ్చు. సంభావ్యత సిద్ధాంతం అనేది సంఘటనల యొక్క అవకాశాలను అంచనా వేయడానికి ఉపయోగించే గణిత శాఖ.

- ప్రయోగాల ద్వారా: సంభావ్యతను ప్రయోగాల ద్వారా కూడా అర్థం చేసుకోవచ్చు. ఉదాహరణకు, మనం 100 కాయిన్లను టస్ చేయవచ్చు మరియు ముఖం పైన పడే కాయిన్ల సంఖ్యను లెక్కించవచ్చు. ఈ డేటాను ఉపయోగించి, మనం ముఖం పైన పడే అవకాశం సుమారు 50% అని అంచనా వేయవచ్చు.

సంభావ్యత యొక్క కొన్ని ఉపయోగాలు

- గేమింగ్: సంభావ్యత గేమింగ్‌లో ఒక ముఖ్యమైన భావన. గేమ్‌లను రూపొందించడానికి మరియు గేమ్‌ల యొక్క ఫలితాలను అంచనా వేయడానికి సంభావ్యతను ఉపయోగించవచ్చు.

- శాస్త్రం: సంభావ్యత శాస్త్రంలో అనేక రంగాలలో ఉపయోగించబడుతుంది, వీటిలో:

○ మెకానిక్స్: సంభావ్యత కణాల యొక్క భౌతిక లక్షణాలను అంచనా వేయడానికి ఉపయోగించబడుతుంది.

○ శాస్త్రీయ పరిశోధన: సంభావ్యత శాస్త్రీయ పరిశోధనలో డేటాను విశ్లేషించడానికి ఉపయోగించబడుతుంది.

సంభావ్యత యొక్క వాస్తవ ప్రపంచ ఉదాహరణలు

సంభావ్యత అనేది ఒక ఘటన జరిగే అవకాశాన్ని కొలవడానికి ఉపయోగించే గణితం యొక్క ఒక శాఖ. ఇది అనేక విభిన్న రంగాలలో ఉపయోగించబడుతుంది, వాతావరణ అంచనాలు, క్రీడలు బెట్టింగ్ మరియు వైద్య నిర్ధారణ వంటి వాటితో సహా.

వాతావరణ అంచనాలు

సంభావ్యత వాతావరణ అంచనాలలలో ముఖ్యమైన పాత్ర పోషిస్తుంది. వాతావరణ శాస్త్రవేత్తలు వాతావరణం ఎలా ఉంటుందో అంచనా వేయడానికి వాతావరణ డేటాను ఉపయోగిస్తారు. ఈ డేటాను సంభావ్యత సిద్ధాంతాలను ఉపయోగించి విశ్లేషించవచ్చు, ఇది ఒక నిర్దిష్ట వాతావరణ పరిస్థితి జరిగే అవకాశాన్ని అంచనా వేయడంలో సహాయపడుతుంది.

ఉదాహరణకు, వాతావరణ శాస్త్రవేత్తలు ఒక రోజులో ఎంత వర్షం పడే అవకాశం ఉందో అంచనా వేయడానికి సంభావ్యతను ఉపయోగించవచ్చు. వారు గతంలో వర్షం పడ్డ సమయాన్ని, వాతావరణంలోని ప్రస్తుత పరిస్థితులను మరియు వాతావరణ మార్పుల అంచనాలను పరిగణనలోకి తీసుకుంటారు.

క్రీడలు బెట్టింగ్

సంభావ్యత క్రీడలు బెట్టింగ్‌లో కూడా ముఖ్యమైన పాత్ర పోషిస్తుంది. బెట్టర్లు ఒక టోర్నమెంట్‌లో ఒక జట్టు లేదా ఆటగాడు గెలుస్తాడని అంచనా వేయడానికి సంభావ్యత సిద్ధాంతాలను ఉపయోగిస్తారు.

ఉదాహరణకు, ఒక బెట్టర్ ఒక ఫుట్‌బాల్ మ్యాచ్‌లో ఒక జట్టు గెలుస్తాదని బెట్టింగ్ చేయాలనుకుంటున్నాడు. అతను ఆ జట్టు యొక్క గత ప్రదర్శనలను, ప్రస్తుత పరిస్థితులను మరియు ప్రత్యర్థి జట్టు యొక్క బలాలు మరియు బలహీనతలను పరిగణనలోకి తీసుకుంటాడు.

వైద్య నిర్ధారణ

సంభావ్యత వైద్య నిర్ధారణలో కూడా ముఖ్యమైన పాత్ర పోషిస్తుంది. వైద్యులు ఒక రోగికున్న అనారోగ్యం యొక్క సాధ్యమైన కారణాలను అంచనా వేయడానికి సంభావ్యత సిద్ధాంతాలను ఉపయోగిస్తారు.

ఉదాహరణకు, ఒక వైద్యుడు ఒక రోగికి జ్వరం, దద్దుర్లు మరియు కీళ్ల నొప్పి ఉన్నాదని కనుగొన్నాడు. అతను ఈ లక్షణాలను కలిగించే అనేక వ్యాధులను పరిగణనలోకి తీసుకుంటాడు. అతను ఈ వ్యాధుల ప్రమాదాన్ని అంచనా వేయడానికి సంభావ్యత సిద్ధాంతాలను ఉపయోగిస్తాడు.

డేటాను అర్థం చేసుకోవడం మరియు నిర్ధారణలను తీయడంలో గణాంకాల పాత్ర

పరిచయం

గణాంకాలు అనేది డేటాను సేకరించడం, విశ్లేషించడం మరియు అర్థం చేసుకోవడం యొక్క శాస్త్రం. ఇది సమాచారాన్ని నిర్వహించడానికి మరియు నిర్ణయాలు తీసుకోవడానికి ఉపయోగించే సాధనాల సమితి.

డేటాను అర్థం చేసుకోవడం మరియు నిర్ధారణలను తీసుకోవడంలో గణాంకాల పాత్ర చాలా ముఖ్యం. గణాంకాలు మనకు డేటాలోని నమూనాలను గుర్తించడానికి మరియు వాటి అర్థాన్ని అర్థం చేసుకోవడానికి సహాయపడతాయి. ఇది మనకు మంచి నిర్ణయాలు తీసుకోవడానికి సహాయపడుతుంది.

డేటాను అర్థం చేసుకోవడంలో గణాంకాల పాత్ర

డేటాను అర్థం చేసుకోవడానికి, మనం మొదట దానిని సేకరించాలి. డేటాను సేకరించడానికి అనేక మార్గాలు ఉన్నాయి, వీటిలో కొన్ని:

ప్రశ్నపత్రాలు

సర్వేలు

అభ్యర్థనలు

రికార్డులను పరిశీలించడం

ప్రయోగాలు

డేటాను సేకరించిన తర్వాత, మనం దానిని విశ్లేషించాలి. విశ్లేషణ అనేది డేటా నుండి సమాచారాన్ని గుర్తించే ప్రక్రియ. విశ్లేషణకు అనేక మార్గాలు ఉన్నాయి, వీటిలో కొన్ని:

* సగటు
* మధ్యగతం
* శ్రేణి
* వ్యత్యాసం
* కోఆరిలేషన్
* రిగ్రెషన్

విశ్లేషణ ద్వారా, మనం డేటాలోని నమూనాలను గుర్తించవచ్చు. ఈ నమూనాలు డేటా యొక్క అర్థాన్ని అర్థం చేసుకోవడానికి మనకు సహాయపడతాయి.

నిర్ధారణలను తీసుకోవడంలో గణాంకాల పాత్ర

డేటాను అర్థం చేసుకున్న తర్వాత, మనం నిర్ణయాలు తీసుకోవడానికి దానిని ఉపయోగించవచ్చు. నిర్ణయాలు తీసుకోవడానికి అనేక మార్గాలు ఉన్నాయి, వీటిలో కొన్ని:

* ప్రాథమిక ఊహ
* శాస్త్రీయ పద్ధతి
* నిర్ణయ తీసుకోవడం యొక్క డెసిజన్ ట్రీ

గణాంకాలు మనకు నిర్ధారణలను తీసుకోవడానికి సహాయపడే సాధనాలను అందిస్తాయి. ఉదాహరణకు, మనం ఒక కొత్త

ఉత్పత్తిని విడుదల చేయాలని భావిస్తుంటే, మనం మార్కెట్ పరిశోధన డేటాను ఉపయోగించి ప్రజలు ఉత్పత్తిని కొనుగోలు చేయగలరని నిర్ధారించుకోవచ్చు.

Chapter2. The Language of Probability: Counting and Combining Chances

అధ్యాయం 2: సంభావ్యత యొక్క భాష: లెక్కించడం మరియు అవకాశాలను కలపడం

సంభావ్యత యొక్క ప్రాథమిక నియమాలు: కూడిక, గుణకారం మరియు పూరకాలు

సంభావ్యత అనేది ఒక సంఘటన జరిగే అవకాశాన్ని కొలవడానికి ఉపయోగించే ఒక గణితం. ఇది ఒక సంఖ్యతో సూచించబడుతుంది, ఇది 0 నుండి 1 వరకు ఉంటుంది. 0 సంఘటన జరగడానికి అసాధ్యతను సూచిస్తుంది, 1 సంఘటన జరగడానికి ఖచ్చితత్వాన్ని సూచిస్తుంది.

సంభావ్యత యొక్క ప్రాథమిక నియమాలు మూడు:

- కూడిక నియమం: రెండు లేదా అంతకంటే ఎక్కువ సంఘటనలు ఒకేసారి జరిగే అవకాశం వాటి సంభావ్యతల మొత్తం.

- గుణకార నియమం: రెండు లేదా అంతకంటే ఎక్కువ సంఘటనలు ఒకదాని తర్వాత ఒకటి జరిగే అవకాశం వాటి సంభావ్యతల ఉత్పత్తి.

- పూరక నియమం: ఏదైనా సంఘటన జరిగే అవకాశం ఒకదాని తర్వాత ఒకటి జరగని అవకాశం నుండి తీసివేయబడింది.

కూడిక నియమం

కూడిక నియమం రెండు లేదా అంతకంటే ఎక్కువ సంఘటనలు ఒకేసారి జరగే అవకాశం వాటి సంభావ్యతల మొత్తం అని చెబుతుంది. ఉదాహరణకు, ఒక ముక్క డైని ముదురు లేదా ఎరుపుగా ఉండే అవకాశం 1/2 + 1/2 = 1. ఒక ముక్క డై ఎరుపు లేదా నీలం లేదా పసుపు లేదా నలుపుగా ఉండే అవకాశం 1/6 + 1/6 + 1/6 + 1/6 = 1.

గుణకార నియమం

గుణకార నియమం రెండు లేదా అంతకంటే ఎక్కువ సంఘటనలు ఒకదాని తర్వాత ఒకటి జరగే అవకాశం వాటి సంభావ్యతల ఉత్పత్తి అని చెబుతుంది. ఉదాహరణకు, ఒక ముక్క డై ముదురుగా ఉండి, ఆపై రెండవ ముక్క డై ఎరుపుగా ఉండే అవకాశం (1/2) * (1/2) = 1/4.

పూరక నియమం

పూరక నియమం ఏదైనా సంఘటన జరగే అవకాశం ఒకదాని తర్వాత ఒకటి జరగని అవకాశం నుండి తీసివేయబడింది అని చెబుతుంది. ఉదాహరణకు, ఒక ముక్క డై ముదురుగా ఉండే అవకాశం 1 - (1/2) = 1/2.

కొన్ని ఉదాహరణలు

- ఒక ముక్క డై ముదురుగా ఉండే అవకాశం 1/2.

- ఒక ముక్క డై ఎరుపు లేదా నీలం లేదా పసుపు లేదా నలుపుగా ఉండే అవకాశం 1.

- **ఒక ముక్క డై ముదురుగా ఉండి, ఆపై రెండవ ముక్క డై ఎరుపుగా ఉండే అవకాశం 1/4.

పరివర్తనాలు మరియు కలయికలు: సంఘటనలు ఎన్ని విధాలుగా సంభవించగలవు అనేది అర్థం చేసుకోవడం

సంభావ్యత యొక్క ప్రాథమిక నియమాలు సంఘటనలు ఎన్ని విధాలుగా సంభవించగలవో అర్థం చేసుకోవడం ద్వారా సహాయపడతాయి. పరివర్తనాలు మరియు కలయికలు అనేవి సంఘటనలు జరిగే వివిధ విధానాలను వివరించే రెండు ముఖ్యమైన భావాలు.

పరివర్తనాలు

పరివర్తనాలు అనేవి ఏదైనా సంఘటన జరిగే వివిధ విధానాలను వివరిస్తాయి. ఉదాహరణకు, ఒక ముక్క డై ముదురు లేదా ఎరుపుగా ఉండే అవకాశం 1/2. ఈ సంఘటన రెండు పరివర్తనాలలో జరుగుతుంది: ముదురు లేదా ఎరుపు.

పరివర్తనాలను సంఖ్యలతో లెక్కించవచ్చు. ఒక సంఘటనకు n పరివర్తనాలు ఉంటే, అప్పుడు ఆ సంఘటన జరిగే అవకాశం 1/n.

కలయికలు

కలయికలు అనేవి రెండు లేదా అంతకంటే ఎక్కువ సంఘటనలు ఒకేసారి జరిగే వివిధ విధానాలను వివరిస్తాయి. ఉదాహరణకు, ఒక ముక్క డై ముదురు మరియు ఎరుపుగా ఉండే అవకాశం 1/4. ఈ సంఘటన రెండు కలయికలలో జరుగుతుంది: ముదురు-ఎరుపు లేదా ఎరుపు-ముదురు.

కలయికలను సంఖ్యలతో లెక్కించవచ్చు. n సంఘటనలు ఉంటే, మరియు m కలయికలు ఉంటే, అప్పుడు ఆ కలయికలలో ఒకటి జరిగే అవకాశం m/n.

కొన్ని ఉదాహరణలు

ఒక ముక్క డై ముదురుగా ఉండే అవకాశం 1/2. ఈ సంఘటన రెండు పరివర్తనాలలో జరుగుతుంది: ముదురు లేదా ఎరుపు.

ఒక ముక్క డై ఎరుపు లేదా నీలం లేదా పసుపు లేదా నలుపుగా ఉండే అవకాశం 1. ఈ సంఘటన నాలుగు పరివర్తనాలలో జరుగుతుంది: ఎరుపు, నీలం, పసుపు, లేదా నలుపు.

ఒక ముక్క డై ముదురుగా ఉండి, ఆపై రెండవ ముక్క డై ఎరుపుగా ఉండే అవకాశం 1/4. ఈ సంఘటన రెండు కలయికలలో జరుగుతుంది: ముదురు-ఎరుపు లేదా ఎరుపు-ముదురు.

పరివర్తనాలు మరియు కలయికల మధ్య తేడా

పరివర్తనాలు మరియు కలయికల మధ్య కొన్ని ముఖ్యమైన తేడాలు ఉన్నాయి.

పరివర్తనాలు ఒకే సంఘటనను వివరిస్తాయి, అయితే కలయికలు రెండు లేదా అంతకంటే ఎక్కువ సంఘటనలను వివరిస్తాయి.

సంభావ్యత పంపిణీలు: వివిధ ఫలితాల యొక్క సాధ్యతను ఊహించడం

సంభావ్యత పంపిణీలు అనేవి ఒక సంఘటన యొక్క వివిధ ఫలితాల యొక్క సాధ్యతను ఊహించడానికి ఉపయోగించే సాధనాలు. అవి సంఖ్యలతో కూడిన పట్టికలు లేదా గ్రాఫ్‌ల రూపంలో ఉంటాయి.

సంభావ్యత పంపిణీలను రకరకాల పరిస్థితులలో ఉపయోగించవచ్చు. ఉదాహరణకు, అవి డై ముక్కను పొడడం, పాన్‌లో ఐదు తలలను పొందడం లేదా ఒక వ్యక్తిని ఏదైనా వ్యాధితో బాధపడే అవకాశాన్ని అంచనా వేయడానికి ఉపయోగించవచ్చు.

సంభావ్యత పంపిణీల రకాలు

సంభావ్యత పంపిణీలు అనేక రకాలుగా ఉంటాయి. వాటిలో కొన్ని:

- డెసిక్‌రేట్ సంభావ్యత పంపిణీలు: ఈ పంపిణీలు ఒక సంఘటన యొక్క వివిధ ఫలితాలను ఖచ్చితమైన సంఖ్యలతో సూచిస్తాయి. ఉదాహరణకు, ఒక ముక్క డై ముదురు లేదా ఎరుపుగా ఉండే అవకాశం 1/2. ఇది ఒక డెసిక్‌రేట్ సంభావ్యత పంపిణీకి ఉదాహరణ.

- కంటిన్యూయస్ సంభావ్యత పంపిణీలు: ఈ పంపిణీలు ఒక సంఘటన యొక్క వివిధ ఫలితాలను నిరంతర సంఖ్యలతో సూచిస్తాయి. ఉదాహరణకు, ఒక వ్యక్తి ఒక పాన్‌లో ఐదు తలలను పొందే అవకాశం 1/36. ఇది ఒక కంటిన్యూయస్ సంభావ్యత పంపిణీకి ఉదాహరణ.

- రేఖాగణిత సంభావ్యత పంపిణీలు: ఈ పంపిణీలు ఒక సంఘటన యొక్క వివిధ ఫలితాలను రేఖాగణిత ఫంక్షన్‌తో సూచిస్తాయి. ఉదాహరణకు, ఒక ముక్క డైను మళ్ళీ మళ్ళీ పాడడం, ముదురు లేదా ఎరుపు ఫలితం వచ్చే వరకు. ఈ సంఘటన యొక్క సంభావ్యత పంపిణీ రేఖాగణిత ఫంక్షన్‌తో సూచించబడుతుంది.

- బీజగణిత సంభావ్యత పంపిణీలు: ఈ పంపిణీలు ఒక సంఘటన యొక్క వివిధ ఫలితాలను బీజగణిత ఫంక్షన్‌తో సూచిస్తాయి. ఉదాహరణకు, ఒక ముక్క డైను మళ్ళీ మళ్ళీ పాడడం, ముదురు మరియు ఎరుపు ఫలితాలు వరుసగా వచ్చే వరకు. ఈ సంఘటన యొక్క సంభావ్యత పంపిణీ బీజగణిత ఫంక్షన్‌తో సూచించబడుతుంది.

బేయిస్ సిద్ధాంతం: కొత్త సమాచారం ఆధారంగా మన నమ్మకాలను నవీకరించడం

బేయిస్ సిద్ధాంతం అనేది ఒక గణిత సిద్ధాంతం, ఇది మన నమ్మకాలను కొత్త సమాచారం ఆధారంగా ఎలా నవీకరించాలో వివరిస్తుంది. ఈ సిద్ధాంతం చాలా విభిన్న రంగాలలో ఉపయోగించబడుతుంది, వీటిలో గణితం, సైన్స్, ఇంజనీరింగ్, ఆర్థికశాస్త్రం, మరియు మానవ కార్యాచరణ.

బేయిస్ సిద్ధాంతం యొక్క ప్రధాన సూత్రం ఏమిటంటే, మన నమ్మకం యొక్క కొత్త అంచనా, మన మునుపటి నమ్మకం మరియు కొత్త సమాచారం యొక్క సంభావ్యత యొక్క ఉత్పత్తికి సమానం.

ఈ సూత్రాన్ని మరింత వివరంగా చెప్పాలంటే, ఒక సంఘటన యొక్క సంభావ్యతను P(A) అని మరియు మనకు ఉన్న ఒక నమ్మకాన్ని P(B|A) అని పరిగణించండి. ఇక్కడ, B అనేది A సంభవించిన తర్వాత సంభవించే సంఘటన.

బేయిస్ సిద్ధాంతం ప్రకారం, A సంభవించిన తర్వాత B సంభవించే సంభావ్యత యొక్క కొత్త అంచనా P(B|A) ను క్రింది విధంగా లెక్కించవచ్చు:

P(B|A) = P(B) * P(A|B) / P(A)

ఈ సూత్రంలో,

- P(B) అనేది B సంభవించే సాధారణ సంభావ్యత.

- P(A|B) అనేది A సంభవించిన తర్వాత B సంభవించే సంభావ్యత.

P(A) అనేది A సంభవించే ముందు మనకు ఉన్న నమ్మకం.

ఉదాహరణకు, ఒక పాఠశాలలో, ఒక విద్యార్థి ఒక పరీక్షలో ఉత్తీర్ణత సాధించే అవకాశం 50% అని మనం అనుకుందాం. (P(A) = 0.5)

ఈ విద్యార్థి ఒక పుస్తకాన్ని చదివిన తర్వాత, ఉత్తీర్ణత సాధించే అవకాశం పెరిగిందని మనం అనుకుందాం. (P(A|B) > 0.5)

ఈ సమాచారం ఆధారంగా, ఉత్తీర్ణత సాధించే అవకాశం యొక్క కొత్త అంచనాను లెక్కించడానికి, మనం క్రింది విధంగా చేయవచ్చు:

P(B|A) = P(B) * P(A|B) / P(A)
P(B|A) = 0.5 * 1.5 / 0.5
P(B|A) = 0.75

ఈ అర్థం, పుస్తకాన్ని చదివిన తర్వాత, విద్యార్థి ఉత్తీర్ణత సాధించే అవకాశం 75% అని మనం నమ్మాలి.

Chapter3. Random Variables and Probability Distributions

అధ్యాయం 3: యాదృచ్చిక వేరియబుల్స్ మరియు సంభావ్యత పంపిణీలు

విభిన్న vs నిరంతర యాదృచ్చిక వేరియబుల్స్: డేటా యొక్క స్వభావాన్ని అర్థం చేసుకోవడం

పరిచయం

యాదృచ్చిక వేరియబుల్ అనేది ఒక స్థిరమైన సంఖ్య లేదా పాత్ర, ఇది ఒక యాదృచ్చిక ప్రక్రియ యొక్క ఫలితాన్ని సూచిస్తుంది. యాదృచ్చిక వేరియబుల్స్‌ను రెండు ప్రధాన రకాలుగా విభజించవచ్చు: విభిన్న మరియు నిరంతర.

విభిన్న యాదృచ్చిక వేరియబుల్స్

విభిన్న యాదృచ్చిక వేరియబుల్ అనేది ఒక యాదృచ్చిక వేరియబుల్, దీనికి స్థిరమైన సామర్థ్యం ఉంటుంది. అంటే, యాదృచ్చిక వేరియబుల్ యొక్క ఏదైనా విలువను సూచించే ఒక ఖచ్చితమైన సంఖ్య ఉంటుంది. ఉదాహరణకు, ఒక డై ను రోల్ చేయడం యొక్క ఫలితం ఒక విభిన్న యాదృచ్చిక వేరియబుల్. డై యొక్క ముగ్గురు ముఖాలలో ఒకదాన్ని పొందే అవకాశం 1/6, కాబట్టి డై యొక్క ఫలితం 1, 2, 3, 4, 5 లేదా 6 యొక్క ఖచ్చితమైన సంఖ్యగా సూచించవచ్చు.

విభిన్న యాదృచ్చిక వేరియబుల్స్ యొక్క కొన్ని ఉదాహరణలు:

ఒక డై ను రోల్ చేయడం యొక్క ఫలితం

ఒక కార్డ్‌ను షేక్ చేసి టాప్ నుండి తీయడం యొక్క ఫలితం

ఒక కేసు నుండి బయటకు రావడం యొక్క ఫలితం

ఒక ప్రశ్నకు ఒక వ్యక్తి ఇచ్చే సమాధానం

నిరంతర యాదృచ్చిక వేరియబుల్స్

నిరంతర యాదృచ్చిక వేరియబుల్ అనేది ఒక యాదృచ్చిక వేరియబుల్, దీనికి స్థిరమైన సామర్థ్యం ఉండదు. అంటే, యాదృచ్చిక వేరియబుల్ యొక్క విలువలు ఏదైనా స్థాయిలో ఖచ్చితంగా లేవు. ఉదాహరణకు, ఒక వ్యక్తి యొక్క ఎత్తు ఒక నిరంతర యాదృచ్చిక వేరియబుల్. వ్యక్తుల ఎత్తులు వివిధ విలువలను కలిగి ఉంటాయి, కాబట్టి వ్యక్తి యొక్క ఎత్తును ఖచ్చితంగా సూచించడం సాధ్యం కాదు.

నిరంతర యాదృచ్చిక వేరియబుల్స్ యొక్క కొన్ని ఉదాహరణలు:

ఒక వ్యక్తి యొక్క ఎత్తు

ఒక వస్తువు యొక్క బరువు

ఒక టెంపరేచర్ మీటర్‌లో చూపబడే ఉష్ణోగ్రత

ఒక విద్యార్థి యొక్క ఒక పరీక్షలో స్కోరు

సాధారణ సంభావ్యత పంపిణీలు: ద్వినామ, పాయిసన్, సాధారణ, మొదలైనవి

పరిచయం

సంభావ్యత శాస్త్రం అనేది యాదృచ్చిక ప్రక్రియలను అధ్యయనం చేసే శాస్త్రం. యాదృచ్చిక ప్రక్రియ యొక్క ఫలితాల స్వభావాన్ని వివరించడానికి సంభావ్యత పంపిణీలను ఉపయోగిస్తారు.

సంభావ్యత పంపిణీ అనేది ఒక యాదృచ్చిక వేరియబుల్ యొక్క ఏదైనా విలువను పొందే అవకాశాన్ని సూచించే ఒక ఫంక్షన్. సంభావ్యత పంపిణీలు విభిన్న శాస్త్రాలలో అనేక అనువర్తనాలను కలిగి ఉన్నాయి, వీటిలో గణాంకాలు, స్టాటిస్టికల్ ప్రోసెసింగ్, మరియు డేటా సైన్స్ ఉన్నాయి.

సాధారణ సంభావ్యత పంపిణీలు

సాధారణ సంభావ్యత పంపిణీలు యాదృచ్చిక వేరియబుల్స్ యొక్క చాలా సాధారణ రకాలు. సాధారణ సంభావ్యత పంపిణీ యొక్క ఫంక్షన్ ఒక గోళాకార ఆకారాన్ని కలిగి ఉంటుంది, దీనిని శాస్త్రీయ గణాంకాలలో ప్రామిస్ కుబ్బ అని కూడా పిలుస్తారు.

సాధారణ సంభావ్యత పంపిణీ యొక్క కొన్ని లక్షణాలు:

- దాని శీర్షం ఒక నిర్దిష్ట విలువ, యొక్క అర్థం యాదృచ్చిక వేరియబుల్ యొక్క సగటు విలువ.
- దాని ఆకారం యాదృచ్చిక వేరియబుల్ యొక్క వ్యాప్తిని సూచిస్తుంది.

దాని వైశాల్యం 1, అంటే యాదృచ్చిక వేరియబుల్ యొక్క ఏదైనా విలువను పొందే అవకాశం 1.

ద్వినామ సంభావ్యత పంపిణీ

ద్వినామ సంభావ్యత పంపిణీ అనేది ఒక యాదృచ్చిక వేరియబుల్ యొక్క ఫలితం ఒకే రెండు విలువలలో ఒకదాన్ని కలిగి ఉండే సందర్భంలో ఉపయోగించే సంభావ్యత పంపిణీ. ఉదాహరణకు, ఒక డై ను రోల్ చేయడం యొక్క ఫలితం 1, 2, 3, 4, 5 లేదా 6 యొక్క ఒకదాన్ని కలిగి ఉంటుంది, కాబట్టి ఇది ద్వినామ సంభావ్యత పంపిణీని ఉపయోగించడానికి అనుకూలమైనది.

ద్వినామ సంభావ్యత పంపిణీ యొక్క ఫంక్షన్ ఒక రెండు-పాయింట్ పంపిణీ, దీనిలో ప్రతి పాయింట్ ఒక సంభావ్యతను సూచిస్తుంది.

కేంద్రీకరణ మరియు విస్తరణ యొక్క కొలతలతో పంపిణీలను వివరించడం

పరిచయం

పంపిణీ అనేది ఒక యాద్చ్చిక వేరియబుల్ యొక్క ఏదైనా విలువను పొందే అవకాశాన్ని సూచించే ఒక ఫంక్షన్. పంపిణీలను వివరించడానికి అనేక మార్గాలు ఉన్నాయి, వీటిలో కేంద్రీకరణ మరియు విస్తరణ యొక్క కొలతలు ఉన్నాయి.

కేంద్రీకరణ

కేంద్రీకరణ అనేది పంపిణీ యొక్క విలువల సమూహం ఎక్కడ ఉందో సూచించే కొలత. కేంద్రీకరణ యొక్క కొన్ని సాధారణ కొలతలు:

- మధ్యస్థ: పంపిణీలోని విలువల మధ్య ఉన్న విలువ.
- గరిష్ఠ: పంపిణీలోని అత్యధిక విలువ.
- న్యూన: పంపిణీలోని అత్యంత సాధారణ విలువ.

విస్తరణ

విస్తరణ అనేది పంపిణీ యొక్క విలువలు ఎంత విస్తృతంగా ఉన్నాయో సూచించే కొలత. విస్తరణ యొక్క కొన్ని సాధారణ కొలతలు:

- వేరియన్స్: పంపిణీ యొక్క విలువల యొక్క సగటు దూరం.
- స్టాండర్డ్ డెవియేషన్: వేరియన్స్ యొక్క మూలం.

- రింగ్యాస్పాన్: పంపిణీలోని అత్యధిక విలువ మరియు అత్యల్ప విలువ మధ్య ఉన్న వ్యత్యాసం.

కేంద్రీకరణ మరియు విస్తరణ యొక్క కొలతలను ఉపయోగించి పంపిణీలను వివరించడానికి కొన్ని ఉదాహరణలు:

- ఒక డై ను రోల్ చేయడం యొక్క ఫలితం ఒక విభిన్న యాదృచ్చిక వేరియబుల్. డై యొక్క మూడు ముఖాలలో ఒకదాన్ని పొందే అవకాశం 1/6, కాబట్టి డై యొక్క సగటు విలువ 3/2. డై యొక్క మోడ్ 3, ఎందుకంటే 3 అనేది అత్యంత సాధారణ విలువ.

- ఒక పాఠశాలలోని విద్యార్థుల ఎత్తు ఒక నిరంతర యాదృచ్చిక వేరియబుల్. విద్యార్థుల ఎత్తుల సగటు 5 అడుగులు, కాబట్టి ఎత్తు యొక్క సగటు విలువ 5. విద్యార్థుల ఎత్తుల స్టాండర్డ్ డెవియేషన్ 2 అంగుళాలు, కాబట్టి ఎత్తు యొక్క విస్తరణ 2 అంగుళాలు.

కేంద్రీకరణ మరియు విస్తరణ యొక్క కొలతలు పంపిణీల యొక్క స్వభావాన్ని అర్థం చేసుకోవడానికి చాలా ముఖ్యమైనవి. ఈ కొలతలను ఉపయోగించి, మనం పంపిణీ యొక్క సగటు విలువ, అత్యంత సాధారణ విలువ, మరియు విస్తరణను అర్థం చేసుకోవచ్చు.

చెబిషేవ్ సిద్ధాంతం: డేటా యొక్క సాధారణ ప్రవర్తనను అర్థం చేసుకోవడం

చెబిషేవ్ సిద్ధాంతం అనేది సాంఖ్యికశాస్త్రంలో ఒక ముఖ్యమైన సిద్ధాంతం, ఇది డేటా యొక్క సాధారణ ప్రవర్తనను అర్థం చేసుకోవడానికి ఉపయోగపడుతుంది. ఈ సిద్ధాంతం ఒక డేటా సెట్‌లోని మూల్యాల పంపిణీ గురించి కొన్ని ప్రాథమిక సమాచారాన్ని అందిస్తుంది, అయితే డేటా యొక్క నిర్దిష్ట విలువలను తెలుసుకోవడానికి అనుమతించదు.

చెబిషేవ్ సిద్ధాంతం రెండు ప్రధాన సూత్రాలను కలిగి ఉంది:

- మొదటి సూత్రం: ఒక డేటా సెట్‌లోని ప్రతి మూల్యం సగటు విలువ నుండి కొంత దూరంలో ఉంటుంది.

- రెండవ సూత్రం: డేటా సెట్‌లోని చాలా మూల్యాలు సగటు విలువ నుండి తక్కువ దూరంలో ఉంటాయి.

ఈ సూత్రాలను ఉపయోగించి, మనం ఒక డేటా సెట్‌లోని మూల్యాల పంపిణీ గురించి కొన్ని ముఖ్యమైన విషయాలను తెలుసుకోవచ్చు. ఉదాహరణకు, మనం డేటా సెట్‌లోని మూల్యాలలో ఎంత పెద్ద వ్యత్యాసం ఉంటుంది అని మనం అంచనా వేయవచ్చు.

చెబిషేవ్ సిద్ధాంతం యొక్క అనువర్తనాలు

చెబిషేవ్ సిద్ధాంతం అనేక రకాల సమస్యలను పరిష్కరించడానికి ఉపయోగించవచ్చు. కొన్ని ఉదాహరణలు:

- డేటా యొక్క స్థిరత్వాన్ని అంచనా వేయడం: చెబిషేవ్ సిద్ధాంతాన్ని ఉపయోగించి, మనం డేటా సెట్‌లోని

మూల్యాలలో ఎంత పెద్ద వ్యత్యాసం ఉంటుంది అని అంచనా వేయవచ్చు. ఇది డేటా యొక్క స్థిరత్వాన్ని అంచనా వేయడానికి ఉపయోగపడుతుంది.

డేటా యొక్క నాణ్యతను అంచనా వేయడం: చెబిషేవ్ సిద్ధాంతాన్ని ఉపయోగించి, మనం డేటా సెట్‌లోని మూల్యాలలో ఎంత తప్పు ఉంటుంది అని అంచనా వేయవచ్చు. ఇది డేటా యొక్క నాణ్యతను అంచనా వేయడానికి ఉపయోగపడుతుంది.

డేటా నుండి అంచనాలను తీసుకోవడం: చెబిషేవ్ సిద్ధాంతాన్ని ఉపయోగించి, మనం డేటా సెట్ నుండి తీసుకున్న అంచనాల యొక్క తప్పులను అంచనా వేయవచ్చు. ఇది డేటా నుండి అంచనాలను తీసుకోవడానికి మరింత ఖచ్చితమైన మార్గాలను రూపొందించడానికి ఉపయోగపడుతుంది.

Chapter4. Sampling and Estimation

అధ్యాయం 4: శాంప్లింగ్ మరియు అంచనా

జనాభా నుండి ప్రతినిధి నమూనాలను ఎలా సేకరించాలి

జనాభా నుండి సమాచారాన్ని సేకరించడానికి, మనం సాధారణంగా నమూనాలను ఉపయోగిస్తాము. నమూనా అనేది జనాభా యొక్క చిన్న భాగం, ఇది జనాభా యొక్క మొత్తం లక్షణాలను ప్రతిబింబిస్తుంది. ప్రతినిధి నమూనా అనేది జనాభా యొక్క అన్ని లక్షణాలను సమానంగా ప్రతిబింబించే నమూనా.

ప్రతినిధి నమూనాలను సేకరించడానికి అనేక మార్గాలు ఉన్నాయి. కొన్ని సాధారణ పద్ధతులు:

- యాదృచ్ఛిక నమూనా: యాదృచ్ఛిక నమూనాలో, ప్రతి సభ్యుడిని జనాభా నుండి యాదృచ్ఛికంగా ఎంపిక చేస్తారు. ఇది ప్రతినిధి నమూనాలను సేకరించడానికి అత్యంత సాధారణ మార్గం.

- స్థాయి నమూనా: స్థాయి నమూనాలో, జనాభాను అనేక స్థాయిలుగా విభజిస్తారు, మరియు ప్రతి స్థాయి నుండి ఒక నిర్దిష్ట సంఖ్యలో సభ్యులను ఎంపిక చేస్తారు. ఈ పద్ధతిని సాధారణంగా జనాభాలోని వివిధ లక్షణాలను ప్రతిబింబించే నమూనాలను సేకరించడానికి ఉపయోగిస్తారు.

- ప్రతిపాదన నమూనా: ప్రతిపాదన నమూనాలో, సభ్యులను జనాభా నుండి స్వీయ-ప్రతిపాదన ఆధారంగా ఎంపిక చేస్తారు. ఈ పద్ధతిని సాధారణంగా నిర్దిష్ట లక్షణాలను కలిగి

ఉన్న సభ్యులను కలిగి ఉన్న నమూనాలను సేకరించడానికి ఉపయోగిస్తారు.

ప్రతినిధి నమూనాలను సేకరించడానికి ఈ పద్ధతులలో ప్రతిదానికి దాని స్వంత ప్రయోజనాలు మరియు అప్రయోజనాలు ఉన్నాయి. యాదృచ్చిక నమూనాలు సాధారణంగా మరింత ప్రతినిధిగా ఉంటాయి, కానీ అవి సేకరించడానికి ఎక్కువ సమయం మరియు శ్రమ తీసుకుంటాయి. స్థాయి నమూనాలు సేకరించడానికి సులభం, కానీ అవి కొన్నిసార్లు ప్రతినిధిగా ఉండవు. ప్రతిపాదన నమూనాలు కొన్ని నిర్దిష్ట లక్షణాలను కలిగి ఉన్న సభ్యులను కలిగి ఉన్న నమూనాలను సేకరించడానికి ఉపయోగకరంగా ఉంటాయి, కానీ అవి ఎల్లప్పుడూ ప్రతినిధిగా ఉండవు.

ప్రతినిధి నమూనాలను సేకరించడానికి కొన్ని ముఖ్యమైన అంశాలు:

జనాభా యొక్క లక్షణాలను అర్థం చేసుకోండి: నమూనాను సేకరించే ముందు, జనాభా యొక్క లక్షణాలను అర్థం చేసుకోవడం ముఖ్యం. ఇది మీరు సరైన పద్ధతిని ఎంచుకోవడంలో మరియు నమూనాను సేకరించడంలో మీకు సహాయపడుతుంది.

పాయింట్ అంచనాలు మరియు విశ్వాస గణాంకాలు: నమూనా డేటా నుండి జనాభా పారామితుల గురించి నిర్ధారణలు చేయడం

పరిచయం

ప్రపంచంలోని ప్రతి అంశానికి ఒక లక్షణం లేదా పారామితి ఉంటుంది. ఉదాహరణకు, ఒక వ్యక్తి యొక్క ఎత్తు, ఒక దేశం యొక్క జనాభా, లేదా ఒక కంపెనీ యొక్క లాభం. ఈ పారామితులను గుర్తించడానికి, మనం డేటాను సేకరించాలి మరియు విశ్లేషించాలి.

డేటాను విశ్లేషించడానికి, మనం పాయింట్ అంచనాలు మరియు విశ్వాస గణాంకాలను ఉపయోగించవచ్చు. పాయింట్ అంచనాలు ఒక పారామితి యొక్క ఒక విలువను అంచనా వేస్తాయి. విశ్వాస గణాంకాలు ఒక పారామితి యొక్క నిర్దిష్ట విలువ ఉండే అవకాశాన్ని అంచనా వేస్తాయి.

ఈ కథనంలో, మనం పాయింట్ అంచనాలు మరియు విశ్వాస గణాంకాల యొక్క సూత్రాలు మరియు ఉపయోగాలను చర్చిస్తాము.

పాయింట్ అంచనాలు

పాయింట్ అంచనాలు ఒక పారామితి యొక్క ఒక విలువను అంచనా వేస్తాయి. పాయింట్ అంచనాలను సాధారణంగా ఒక సగటు, మధ్యస్థం, లేదా మోడ్ ద్వారా అంచనా వేస్తారు.

సగటు

సగటు అనేది ఒక సమూహంలోని అన్ని విలువల మొత్తాన్ని సమూహంలోని విలువల సంఖ్యతో విభజించడం ద్వారా లెక్కించబడుతుంది.

సగటు పాయింట్ అంచనాలను సాధారణంగా ఉపయోగిస్తారు ఎందుకంటే అవి సరళమైనవి మరియు అర్థం చేసుకోవడానికి సులభం. అయితే, సగటు మరియు నిజ పారామితి మధ్య తేడా ఉండవచ్చు.

మధ్యస్థం

మధ్యస్థం అనేది ఒక సమూహంలోని విలువలను ఆరోగ్యకరమైన క్రమంలో అమర్చడం ద్వారా లెక్కించబడుతుంది. మధ్యలో ఉన్న విలువ మధ్యస్థం.

మధ్యస్థం సగటు కంటే తక్కువ మారుతుంది, కాబట్టి ఇది మరింత స్థిరమైన పాయింట్ అంచనం. అయితే, మధ్యస్థం గుర్రా తోక వంటి విలువలను గుర్తించదు.

మోడ్

మోడ్ అనేది ఒక సమూహంలో అత్యధికంగా సంభవించే విలువ.

మోడ్ సాధారణంగా పాయింట్ అంచనాల కోసం ఉపయోగించబడుతుంది ఎందుకంటే ఇది సాధారణంగా నిజ పారామితిని చాలా ఖచ్చితంగా సూచిస్తుంది. అయితే, మోడ్ సాధారణంగా సగటు లేదా మధ్యస్థం కంటే తక్కువ స్థిరమైనది.

శాంప్లింగ్ పక్షపాతం మరియు దానిని ఎలా నివారించాలి

పరిచయం

శాంప్లింగ్ అనేది ఒక జనాభా నుండి ఒక చిన్న నమూనాను ఎంచుకోవడం. ఈ నమూనాను ఉపయోగించి, మనం జనాభా గురించి నిర్ణయాలు తీసుకోవచ్చు.

శాంప్లింగ్ పక్షపాతం అనేది ఒక శాంపిల్ నుండి అంచనాలు లేదా నిర్ణయాలు తీసుకునేటప్పుడు జరిగే పక్షపాతం. ఈ పక్షపాతం శాంపిల్ ఎలా ఎంచుకోబడింది అనే దానిపై ఆధారపడి ఉంటుంది.

శాంప్లింగ్ పక్షపాతం యొక్క కొన్ని ఉదాహరణలు:

- ఒక నిర్దిష్ట ప్రాంతంలోని ప్రజలను మాత్రమే అడిగిన ఒక సర్వే నుండి అంచనాలు తీసుకోవడం. ఈ సర్వే నుండి తీసుకోబడిన అంచనాలు నిజ జనాభా గురించి తప్పుగా ఉంటాయి.

- ఒక జాబితా నుండి యాదృచ్చికంగా శాంపిల్‌ను ఎంచుకోవడం, కానీ ఆ జాబితాలోని విషయాలు అసమానంగా ప్రాతినిధ్యం పొంది ఉంటే. ఈ సందర్భంలో, శాంపిల్ జనాభా యొక్క సరిగ్గా ప్రతిబింబించకపోవచ్చు.

శాంప్లింగ్ పక్షపాతాన్ని ఎలా నివారించాలి

శాంప్లింగ్ పక్షపాతాన్ని నివారించడానికి, మనం శాంపిల్‌ను జనాభా యొక్క సరైన ప్రతిబింబంగా ఉండేలా ఎంచుకోవాలి. ఈ కోసం, మనం క్రింది చిట్కాలను అనుసరించవచ్చు:

శాంపిల్‌ను జనాభా యొక్క వివిధ విభాగాల నుండి సమానంగా ఎంచుకోండి.

శాంపిల్‌ను యాదృచ్ఛికంగా ఎంచుకోండి.

శాంపిల్‌ను పునరావృతం చేయండి.

శాంప్లింగ్ పక్షపాతాన్ని నివారించడానికి ఉపయోగించే కొన్ని పద్ధతులు

శాంప్లింగ్ పక్షపాతాన్ని నివారించడానికి, మనం క్రింది పద్ధతులను ఉపయోగించవచ్చు:

[స్టేటీఫైడ్ శాంప్లింగ్: ఈ పద్ధతిలో, జనాభాను వివిధ విభాగాలుగా విభజిస్తారు మరియు ప్రతి విభాగం నుండి శాంపిల్‌ను సమానంగా ఎంచుకోబడుతుంది.

రెండవ-స్థాయి శాంప్లింగ్: ఈ పద్ధతిలో, మొదట ఒక పెద్ద శాంపిల్‌ను ఎంచుకోబడుతుంది మరియు ఆపై ఆ శాంపిల్ నుండి చిన్న శాంపిల్‌ను ఎంచుకోబడుతుంది.

అంచనా ఖచ్చితత్వంలో నమూనా పరిమాణ పాత్ర

అంచనా ఖచ్చితత్వం అనేది ఒక నమూనా ఒక నిజమైన డేటాసెట్‌లోని డేటాను ఎంత బాగా సూచిస్తుందో కొలవడానికి ఉపయోగించే కొలత. నమూనా పరిమాణం అనేది నమూనాలో ఉన్న పారామితుల సంఖ్య. నమూనా పరిమాణం పెరిగే కొద్దీ, అంచనా ఖచ్చితత్వం మెరుగుపడుతుందని సాధారణంగా నమ్ముతారు. అయితే, ఇది ఎల్లప్పుడూ నిజం కాదు.

నమూనా పరిమాణం మరియు అంచనా ఖచ్చితత్వం మధ్య సంబంధం

నమూనా పరిమాణం మరియు అంచనా ఖచ్చితత్వం మధ్య సంబంధాన్ని అర్థం చేసుకోవడానికి, మనం మొదట అంచనా ఖచ్చితత్వాన్ని ఎలా కొలుస్తారో అర్థం చేసుకోవాలి. అంచనా ఖచ్చితత్వాన్ని కొలవడానికి అనేక మార్గాలు ఉన్నాయి, కానీ అత్యంత సాధారణమైన మార్గం MAE (Mean Absolute Error) లేదా RMSE (Root Mean Square Error) ను ఉపయోగించడం.

MAE అనేది అంచనా మరియు నిజమైన విలువల మధ్య గరిష్ట తేడాను కొలుస్తుంది. RMSE అనేది అంచనా మరియు నిజమైన విలువల మధ్య వర్గ మధ్యగతాన్ని కొలుస్తుంది.

MAE మరియు RMSE రెండూ తక్కువగా ఉన్నప్పుడు, అంచనా మరింత ఖచ్చితమైనది.

నమూనా పరిమాణం పెరిగే కొద్దీ, MAE మరియు RMSE రెండూ తగ్గుతాయి. దీనికి కారణం, పెద్ద నమూనాలు చిన్న నమూనాల కంటే డేటాలోని పాటర్న్‌లను మరింత ఖచ్చితంగా కనుగొనగలవు.

అయితే, నమూనా పరిమాణం చాలా పెరిగినప్పుడు, MAE మరియు RMSE తిరిగి పెరగడం ప్రారంభమవుతాయి. దీనికి కారణం, పెద్ద నమూనాలు డేటాలోని శబ్దాన్ని కూడా కనుగొనగలవు. ఈ శబ్దం అంచనా ఖచ్చితత్వాన్ని తగ్గిస్తుంది.

నమూనా పరిమాణం మరియు అంచనా ఖచ్చితత్వం మధ్య సమతుల్యత

అంచనా ఖచ్చితత్వాన్ని మెరుగుపరచడానికి, మనం నమూనా పరిమాణాన్ని పెంచాలి. అయితే, మనం పెద్ద నమూనాలను ఉపయోగించినప్పుడు, శబ్దం వల్ల అంచనా ఖచ్చితత్వం తగ్గే అవకాశం ఉంది.

కాబట్టి, మనం నమూనా పరిమాణం మరియు అంచనా ఖచ్చితత్వం మధ్య సమతుల్యతను కనుగొనడానికి ప్రయత్నించాలి.

నమూనా పరిమాణాన్ని ఎలా ఎంచుకోవాలి

నమూనా పరిమాణాన్ని ఎంచుకోవడానికి, మనం మన అంచనా ఖచ్చితత్వం లక్ష్యాన్ని పరిగణించాలి.

Chapter5. Hypothesis Testing: Making Decisions with Data

అధ్యాయం 5: పరికల్పన పరీక్షణ: డేటాతో నిర్ణయాలు తీసుకోవడం

శూన్య మరియు ప్రత్యామ్నాయ పరికల్పనలు: మేము ఏమి పరీక్షించాలనుకుంటున్నామో తెలియజేయడం

శాస్త్రీయ పరిశోధనలో, మనం ఒక నిర్దిష్ట పరికల్పనను పరీక్షించాలనుకుంటున్నప్పుడు, మనం మొదట రెండు పరికల్పనలను రూపొందించాలి: శూన్య పరికల్పన మరియు ప్రత్యామ్నాయ పరికల్పన.

శూన్య పరికల్పన అనేది మనం పరీక్షించాలనుకుంటున్న పరికల్పన యొక్క ఒక ప్రతికూల రూపం. ఇది పరిశోధన యొక్క ప్రారంభ స్థితిని సూచిస్తుంది.

ఉదాహరణకు, మనం ఒక కొత్త ఔషధం యొక్క ప్రభావాన్ని పరీక్షించాలనుకుంటున్నప్పుడు, మన శూన్య పరికల్పన ఏమిటంటే, కొత్త ఔషధం యొక్క ప్రభావం ఏమీ లేదు.

ప్రత్యామ్నాయ పరికల్పన అనేది శూన్య పరికల్పనకు వ్యతిరేకమైనది. ఇది మనం నిజంగా నిరూపించాలనుకుంటున్న పరికల్పన.

ఉదాహరణకు, మనం కొత్త ఔషధం యొక్క ప్రభావాన్ని పరీక్షించాలనుకుంటున్నప్పుడు, మన ప్రత్యామ్నాయ

పరికల్పన ఏమిటంటే, కొత్త ఔషధం పాత ఔషధం కంటే ఎక్కువ ప్రభావవంతమైనది.

శూన్య మరియు ప్రత్యామ్నాయ పరికల్పనల మధ్య తేడా ఏమిటంటే, శూన్య పరికల్పనను నిరూపించడం అసాధ్యం. మనం మాత్రమే ప్రత్యామ్నాయ పరికల్పనను తిరస్కరించగలము.

ఉదాహరణకు, మనం కొత్త ఔషధం యొక్క ప్రభావాన్ని పరీక్షించాలనుకుంటున్నప్పుడు, మనం శూన్య పరికల్పనను నిరూపించలేము. మనం మాత్రమే కొత్త ఔషధం పాత ఔషధం కంటే ఎక్కువ ప్రభావవంతంగా ఉందని చూపించగలము.

శూన్య మరియు ప్రత్యామ్నాయ పరికల్పనలను రూపొందించడం చాలా ముఖ్యం. ఇది మన పరిశోధన యొక్క ప్రయోజనాన్ని మరియు పద్ధతిని నిర్ణయిస్తుంది.

శూన్య మరియు ప్రత్యామ్నాయ పరికల్పనలను రూపొందించేటప్పుడు, మనం ఈ క్రింది అంశాలను పరిగణించాలి:

- మన పరిశోధన యొక్క లక్ష్యం ఏమిటి? మనం ఏమి నిరూపించాలనుకుంటున్నాము?
- మనం ఏ డేటాను ఉపయోగించబోతున్నాము? ఈ డేటా మా పరికల్పనలను పరీక్షించడానికి సరిపోతుందా?

ప-విలువలు మరియు గణాంకపరమైన ప్రాముఖ్యత: పరికల్పన పరీక్షణ ఫలితాలను అర్థం చేసుకోవడం

పరిచయం

గణాంకాలలో, పరికల్పన పరీక్ష అనేది ఒక పరికల్పన యొక్క ధ్రువీకరణ లేదా తిరస్కరం కోసం వాస్తవ డేటాను ఉపయోగించే ఒక ప్రక్రియ. పరికల్పన పరీక్ష యొక్క ఫలితాలను అర్థం చేసుకోవడానికి, మనం ప-విలువ మరియు గణాంకపరమైన ప్రాముఖ్యత యొక్క భావాలను అర్థం చేసుకోవాలి.

ప-విలువ

ప-విలువ అనేది ఒక పరికల్పన సరైనదని అనుమానించడానికి డేటా సాక్ష్యం ఎంత బలంగా ఉందో కొలవడానికి ఉపయోగించే ఒక సంఖ్య. ప-విలువ చిన్నదిగా ఉంటే, అది పరికల్పన తప్పు అని సూచిస్తుంది.

ప-విలువను లెక్కించడానికి, మనం మొదట ఒక ఊహాత్మక పంపిణీని ఎంచుకోవాలి. ఈ పంపిణీ సాధారణంగా ఒక శ్రేణి డేటాకు సరిపోతుంది. తరువాత, మనం డేటాను ఊహాత్మక పంపిణీతో పోల్చుకోవాలి. పోలిక యొక్క ఫలితం ప-విలువను ఇస్తుంది.

ఉదాహరణకు, ఒక పరికల్పన పరీక్షలో, మనం ఒక జనాభా యొక్క సగటు 100 అని పరికల్పించవచ్చు. మనం ఈ పరికల్పనను పరీక్షించడానికి, మనం 100 మంది ప్రజల నుండి డేటాను సేకరించవచ్చు. ఈ డేటా యొక్క సగటు 105

అని మనం కనుగొంటే, అది పరికల్పన తప్పు అని సూచిస్తుంది.

ప-విలువను లెక్కించడానికి, మనం ఒక శ్రేణి డేటాకు సరిపోయే ఒక ఊహాత్మక పంపిణీని ఎంచుకోవాలి. ఈ సందర్భంలో, మనం ఒక శ్రేణి డేటాకు సరిపోయే ఒక శ్రేణి జాతీయ జనాభా సగటులను ఉపయోగించవచ్చు. ఈ జాతీయ జనాభా సగటుల పంపిణీని పరిశీలించిన తర్వాత, మనం 105 సగటుతో డేటా యొక్క 5% మాత్రమే ఈ పంపిణీలో ఉంటుంది అని మనం కనుగొంటాము.

అందువల్ల, ఈ పరిస్థితిలో ప-విలువ 0.05. ఇది చాలా చిన్న ప-విలువ, ఇది పరికల్పన తప్పు అని బలమైన సూచన.

గణాంకపరమైన ప్రాముఖ్యత

గణాంకపరమైన ప్రాముఖ్యత అనేది ఒక పరికల్పన పరీక్ష యొక్క ఫలితాలను ఎంత బలంగా అర్థం చేసుకోవాలో కొలవడానికి ఉపయోగించే ఒక సంఖ్య.

ట్రైప్ I మరియు ట్రైప్ II లోపాలు: తప్పు నిర్ణయాలు తీసుకునే ప్రమాదాలను అర్థం చేసుకోవడం

పరిచయం

ట్రైప్ I మరియు ట్రైప్ II లోపాలు అనేవి శాస్త్రీయ పరిశోధన మరియు నిర్ణయ తీసుకోవడంలో ముఖ్యమైన భావనలు. ఈ లోపాలు అనేవి తప్పు నిర్ణయాలు తీసుకోవడం వల్ల కలిగే ప్రమాదాలను సూచిస్తాయి.

ట్రైప్ I లోపం అనేది నిజంగా జరగనిదాన్ని జరిగిందని తప్పుగా భావించడం. ట్రైప్ II లోపం అనేది నిజంగా జరిగేదాన్ని జరగలేదని తప్పుగా భావించడం.

ఈ రెండు రకాల లోపాలను అర్థం చేసుకోవడం ముఖ్యం, ఎందుకంటే అవి తీసుకున్న నిర్ణయాల యొక్క ఖచ్చితత్వంపై ప్రభావం చూపుతాయి.

ట్రైప్ I లోపం

ట్రైప్ I లోపం అనేది నిజంగా జరగనిదాన్ని జరిగిందని తప్పుగా భావించడం. ఈ లోపంను "తప్పు-ధృవీకరణ లోపం" అని కూడా పిలుస్తారు.

ట్రైప్ I లోపం యొక్క ఉదాహరణ ఏమిటంటే, ఒక వైద్యుడు ఒక వ్యక్తిని అనారోగ్యంగా ఉన్నారని తప్పుగా నిర్ధారించడం. ఈ లోపం వల్ల వ్యక్తి అనవసరమైన చికిత్సలకు గురవుతాడు.

ట్రైప్ I లోపం యొక్క ప్రమాదాన్ని తగ్గించడానికి, వైద్యులు మరియు ఇతర నిపుణులు చాలా జాగ్రత్తగా పని చేయాలి. వారు

తమ నిర్ధారణలను తీసుకునే ముందు అన్ని అంశాలను పరిగణనలోకి తీసుకోవాలి.

టైప్ II లోపం

టైప్ II లోపం అనేది నిజంగా జరిగేదాన్ని జరగలేదని తప్పుగా భావించడం. ఈ లోపంను "తప్పు-తిరస్కరణ లోపం" అని కూడా పిలుస్తారు.

టైప్ II లోపం యొక్క ఉదాహరణ ఏమిటంటే, ఒక వైద్యుడు ఒక వ్యక్తిని ఆరోగ్యంగా ఉన్నారని తప్పుగా నిర్ధారించడం. ఈ లోపం వల్ల వ్యక్తి తీవ్రమైన వ్యాధిని అభివృద్ధి చేస్తాడు.

టైప్ II లోపం యొక్క ప్రమాదాన్ని తగ్గించడానికి, వైద్యులు మరియు ఇతర నిపుణులు మరింత సమగ్రమైన పరీక్షలను నిర్వహించాలి. వారు తమ నిర్ధారణలను తీసుకునే ముందు చాలా సమయం పట్టించుకోవాలి.

ఒక-వైపు మరియు రెండు-వైపు పరీక్షణలు: మీ పరిశోధన ప్రశ్నకు సరైన విధానాన్ని ఎంచుకోవడం

పరిశోధనలో, ఒక-వైపు మరియు రెండు-వైపు పరీక్షణలు రెండూ చాలా సాధారణమైన పద్ధతులు. వీటిని ఉపయోగించి, మీరు మీ పరిశోధన ప్రశ్నకు సమాధానం ఇవ్వడానికి ఉపయోగపడే డేటాను సేకరించవచ్చు. అయితే, రెండు పద్ధతుల మధ్య కొన్ని ముఖ్యమైన తేడాలు ఉన్నాయి. ఈ వ్యాసం ఒక-వైపు మరియు రెండు-వైపు పరీక్షణల మధ్య తేడాలను వివరిస్తుంది మరియు మీ పరిశోధన ప్రశ్నకు సరైన పద్ధతిని ఎంచుకోవడానికి మీకు సహాయపడుతుంది.

ఒక-వైపు పరీక్షణలు

ఒక-వైపు పరీక్షణలు ఒక నిర్దిష్ట దిశలో మార్పును కనుగొనడానికి ఉపయోగించబడతాయి. ఉదాహరణకు, మీరు ఒక కొత్త మందుకు చికిత్స పొందిన రోగులలో క్యాన్సర్ పురోగతిని తగ్గిస్తుందా అనే దానిని పరీక్షించాలనుకుంటున్నారని అనుకుందాం. ఈ సందర్భంలో, మీరు ఒక-వైపు పరీక్షనను ఉపయోగించవచ్చు, ఇది క్యాన్సర్ పురోగతిని తగ్గించడంలో మందు యొక్క ప్రభావాన్ని కనుగొనడానికి ప్రయత్నిస్తుంది.

ఒక-వైపు పరీక్షణ యొక్క ప్రయోజనం ఏమిటంటే, ఇది మీరు ఊహించిన దిశలో మార్పును కనుగొనడానికి మరింత శక్తివంతమైనది. అయితే, దీనికి ఒక ప్రతికూలత కూడా ఉంది. ఒక-వైపు పరీక్షనను ఉపయోగించినప్పుడు, మీరు ఊహించని దిశలో మార్పును కనుగొన్నట్లయితే, మీరు అది సంభవించినట్లు ఖచ్చితంగా చెప్పలేరు.

రెండు-వైపు పరీక్షణలు

రెండు-వైపు పరీక్షణలు ఏ దిశలోనైనా మార్పును కనుగొనడానికి ఉపయోగించబడతాయి. ఉదాహరణకు, మీరు రెండు వేర్వేరు రకాల మందుల ప్రభావాలను పోల్చాలనుకుంటున్నారని అనుకుందాం. ఈ సందర్బంలో, మీరు రెండు-వైపు పరీక్షనను ఉపయోగించవచ్చు, ఇది రెండు మందుల మధ్య ఏదైనా తేడాను కనుగొనడానికి ప్రయత్నిస్తుంది.

రెండు-వైపు పరీక్షణ యొక్క ప్రయోజనం ఏమిటంటే, ఇది మీరు ఊహించిన దిశలోనే కాకుండా, ఊహించని దిశలోనూ మార్పును కనుగొనడానికి మిమ్మల్ని అనుమతిస్తుంది. అయితే, దీనికి కూడా ఒక ప్రతికూలత ఉంది.

Chapter6. Regression Analysis: Unveiling Relationships

అధ్యాయం 6: రిగ్రెషన్ విశ్లేషణ: సంబంధాలను బయటపెట్టడం

సంబంధం vs. కారణత్వం యొక్క భావనను అర్థం చేసుకోవడం

సంబంధం మరియు కారణత్వం రెండూ రెండు వస్తువుల లేదా పరిస్థితుల మధ్య ఉన్న అనుబంధాన్ని సూచిస్తాయి. అయితే, రెండు భావనల మధ్య కొన్ని ముఖ్యమైన తేడాలు ఉన్నాయి.

సంబంధం

సంబంధం అనేది రెండు వస్తువుల లేదా పరిస్థితుల మధ్య ఉన్న ఏదైనా అనుబంధం. ఇది ఒకది మరొకదానిపై ప్రభావాన్ని చూపుతుందని అర్థం కాదు. ఉదాహరణకు, రెండు వ్యక్తులు ఒకే పాఠశాలలో చదువుతున్నారు అనేది వారి మధ్య సంబంధం. అయితే, ఒక వ్యక్తి యొక్క విద్యా ఫలితాలపై మరొక వ్యక్తి ప్రభావాన్ని చూపుతుందని దీని అర్థం కాదు.

సంబంధాలను వివిధ రకాలుగా వర్గీకరించవచ్చు. కొన్ని సాధారణ రకాల సంబంధాలు:

- సమాన సంబంధం: రెండు వస్తువులు లేదా పరిస్థితులు ఒకేలా ఉంటాయి. ఉదాహరణకు, రెండు గుండ్లు ఒకే ఆకారంలో మరియు పరిమాణంలో ఉంటాయి.

అసమాన సంబంధం: రెండు వస్తువులు లేదా పరిస్థితులు ఒకేలా ఉండవు. ఉదాహరణకు, ఒక గుడ్డు ఒక టొర్టా కంటే చిన్నది.

కారణ-నిర్ణయ సంబంధం: ఒక వస్తువు లేదా పరిస్థితి మరొకదానిని కలిగిస్తుంది. ఉదాహరణకు, ఒక బంతిని పైకి విసిరినట్లయితే, అది కిందపడిపోతుంది.

సహసంబంధం: రెండు వస్తువులు లేదా పరిస్థితులు ఒకేసారి సంభవిస్తాయి, కానీ ఒకదానిని మరొకటి కలిగించదు. ఉదాహరణకు, ఒక వ్యక్తి ఒక కప్పు కాఫీని తాగుతున్నట్లయితే, అతను ఒక పత్రిక చదువుతున్నాడు. కానీ కాఫీ తాగడం పత్రిక చదవడానికి కారణం కాదు.

కారణత్వం

కారణత్వం అనేది ఒక వస్తువు లేదా పరిస్థితి మరొకదానిని కలిగించే అనుబంధం. ఇది సంబంధం యొక్క ఒక రకం, కానీ ఇది చాలా నిర్దిష్టమైనది. కారణత్వం యొక్క భావనను అర్థం చేసుకోవడానికి, మనం మొదట "కారణం" మరియు "నిర్ణయం" అనే పదాల అర్థాన్ని అర్థం చేసుకోవాలి.

లీనియర్ రిగ్రెషన్: ఒక ఆధారపడిన వేరియబుల్ మరియు ఒకటి లేదా అంతకంటే ఎక్కువ స్వతంత్ర వేరియబుల్స్ మధ్య సంబంధాన్ని మోడలింగ్ చేయడం

లీనియర్ రిగ్రెషన్ అనేది ఒక ఆధారపడిన వేరియబుల్ మరియు ఒకటి లేదా అంతకంటే ఎక్కువ స్వతంత్ర వేరియబుల్స్ మధ్య సంబంధాన్ని మోడలింగ్ చేయడానికి ఉపయోగించే ఒక గణిత నమూనా. ఆధారపడిన వేరియబుల్ అనేది మనం అంచనా వేయాలనుకుంటున్నది, మరియు స్వతంత్ర వేరియబుల్స్ అనేవి ఆధారపడిన వేరియబుల్‌పై ప్రభావం చూపేవి.

లీనియర్ రిగ్రెషన్ మోడల్ ఒక సరళ రేఖ ద్వారా డేటాను సరిగ్గా సమీపించడానికి ప్రయత్నిస్తుంది. ఈ రేఖను "రిగ్రెషన్ రేఖ" అంటారు. రిగ్రెషన్ రేఖ యొక్క సమీకరణం $y = mx + b$, ఇక్కడ:

- y అనేది ఆధారపడిన వేరియబుల్

- m అనేది యొక్క స్థిరత్వం

- b అనేది యొక్క తిరస్కరణ

యొక్క స్థిరత్వం రిగ్రెషన్ రేఖ యొక్క ఏటవాలు ఏజెంట్‌ను సూచిస్తుంది. యొక్క తిరస్కరణ రిగ్రెషన్ రేఖ యొక్క ఏటవాలు ఏజెంట్‌ను సూచిస్తుంది.

లీనియర్ రిగ్రెషన్ యొక్క కొన్ని ఉపయోగాలు:

- మార్కెటింగ్‌లో, లీనియర్ రిగ్రెషన్‌ను ఉత్పత్తి అమ్మకాలను అంచనా వేయడానికి ఉపయోగించవచ్చు.

- ఆర్థికశాస్త్రంలో, లీనియర్ రిగ్రెషన్ను ఆర్థిక పరిమాణాల మధ్య సంబంధాలను అంచనా వేయడానికి ఉపయోగించవచ్చు.

- శాస్త్రంలో, లీనియర్ రిగ్రెషన్ను ప్రయోగ ఫలితాలను అంచనా వేయడానికి ఉపయోగించవచ్చు.

లీనియర్ రిగ్రెషన్ను ఉపయోగించడానికి, మనం మొదట డేటాను సేకరించాలి. ఈ డేటాలో, మనకు ఆధారపడిన వేరియబుల్ మరియు ప్రతి స్వతంత్ర వేరియబుల్కు అనుబంధించిన విలువలు ఉండాలి.

డేటాను సేకరించిన తర్వాత, మనం రిగ్రెషన్ మోడల్ను శిక్షణ ఇవ్వాలి. శిక్షణ ప్రక్రియలో, మోడల్ డేటా నుండి నేర్చుకుంటుంది మరియు యొక్క స్థిరత్వం మరియు తిరస్కరణను లెక్కిస్తుంది.

శిక్షణ పూర్తయిన తర్వాత, మనం మోడల్ను ఉపయోగించి కొత్త డేటాను అంచనా వేయవచ్చు.

రిగ్రెషన్ గుణకాలు మరియు మంచితనం యొక్క కొలతలను అర్థం చేసుకోవడం

లీనియర్ రిగ్రెషన్ అనేది ఒక ఆధారపడిన వేరియబుల్ మరియు ఒకటి లేదా అంతకంటే ఎక్కువ స్వతంత్ర వేరియబుల్స్ మధ్య సంబంధాన్ని మోడలింగ్ చేయడానికి ఉపయోగించే ఒక గణిత నమూనా. ఈ నమూనాలో, యొక్క స్థిరత్వం మరియు తిరస్కరణ అనే రెండు గుణకాలు ఉంటాయి. యొక్క స్థిరత్వం రిగ్రెషన్ రేఖ యొక్క ఎటవాలు ఏజెంట్‌ను సూచిస్తుంది. యొక్క తిరస్కరణ రిగ్రెషన్ రేఖ యొక్క ఎటవాలు ఏజెంట్‌ను సూచిస్తుంది.

లీనియర్ రిగ్రెషన్ మోడల్ ఎంత మంచిదో నిర్ణయించడానికి మంచితనం యొక్క కొలతలను ఉపయోగించవచ్చు. ఈ కొలతలు రిగ్రెషన్ రేఖ డేటాను ఎంత బాగా సమీపించగలదో లేదా డేటాలోని వివరాలను ఎంత బాగా వివరించగలదో కొలుస్తాయి.

ఈ కోర్సులో, మనం రిగ్రెషన్ గుణకాలు మరియు మంచితనం యొక్క కొలతలను అర్థం చేసుకోవడానికి నేర్చుకుంటాము. మనం కింది అంశాలను కవర్ చేస్తాము:

- రిగ్రెషన్ గుణకాలను ఎలా లెక్కించాలి

- మంచితనం యొక్క కొలతలను ఎలా అర్థం చేసుకోవాలి

- వివిధ రకాల మంచితనం యొక్క కొలతలను ఎలా ఉపయోగించాలి

రిగ్రెషన్ గుణకాలను ఎలా లెక్కించాలి

రిగ్రెషన్ గుణకాలను లెక్కించడానికి, మనం ఒక లీనియర్ రిగ్రెషన్ మోడల్‌ను శిక్షణ ఇవ్వాలి. శిక్షణ ప్రక్రియలో, మోడల్ డేటా నుండి నేర్చుకుంటుంది మరియు యొక్క స్థిరత్వం మరియు తిరస్కరణను లెక్కిస్తుంది.

యొక్క స్థిరత్వాన్ని లెక్కించడానికి, మనం కింది సమీకరణాన్ని ఉపయోగించవచ్చు:

$$m = \left(\sum (x_i - \bar{x})(y_i - \bar{y}) \right) / \left(\sum (x_i - \bar{x})^2 \right)$$

ఇక్కడ:

- m అనేది యొక్క స్థిరత్వం
- x_i అనేది i వ డేటా పాయింట్‌లో స్వతంత్ర వేరియబుల్ యొక్క విలువ
- $\bar{x}$ అనేది స్వతంత్ర వేరియబుల్ యొక్క సగటు విలువ
- y_i అనేది i వ డేటా పాయింట్‌లో ఆధారపడిన వేరియబుల్ యొక్క విలువ
- $\bar{y}$ అనేది ఆధారపడిన వేరియబుల్ యొక్క సగటు విలువ

బహుళ కోలినియారిటీ మరియు ఇతర సాధారణ రిగ్రెషన్ సమస్యలతో వ్యవహారం

లీనియర్ రిగ్రెషన్ అనేది ఒక ఆధారపడిన వేరియబుల్ మరియు ఒకటి లేదా అంతకంటే ఎక్కువ స్వతంత్ర వేరియబుల్స్ మధ్య సంబంధాన్ని మోడలింగ్ చేయడానికి ఉపయోగించే ఒక గణిత నమూనా. అయితే, ఈ నమూనాను ఉపయోగించేటప్పుడు కొన్ని సమస్యలు ఎదురవుతాయి. ఈ సమస్యలలో బహుళ కోలినియారిటీ అనేది ఒకటి.

బహుళ కోలినియారిటీ

బహుళ కోలినియారిటీ అనేది రెండు లేదా అంతకంటే ఎక్కువ స్వతంత్ర వేరియబుల్స్ మధ్య శక్తివంతమైన సంబంధం ఉనికిని సూచిస్తుంది. ఈ సందర్భంలో, ఒక స్వతంత్ర వేరియబుల్‌లోని మార్పు ఇతర స్వతంత్ర వేరియబుల్స్‌లోని మార్పులను ఖచ్చితంగా వివరిస్తుంది.

బహుళ కోలినియారిటీ ఉన్నప్పుడు, లీనియర్ రిగ్రెషన్ మోడల్ ఖచ్చితంగా ఉండదు. ఈ సందర్భంలో, మోడల్ ఆధారపడిన వేరియబుల్‌లోని మార్పులను సరిగ్గా అంచనా వేయలేకపోతుంది.

బహుళ కోలినియారిటీని గుర్తించడానికి మార్గాలు

బహుళ కోలినియారిటీని గుర్తించడానికి అనేక మార్గాలు ఉన్నాయి. ఒక మార్గం, ఒక స్వతంత్ర వేరియబుల్‌ను మరోక స్వతంత్ర వేరియబుల్‌తో విభజించడం. ఈ విభజన శూన్యంగా ఉంటే, రెండు వేరియబుల్‌లు పూర్తిగా కోలినీయర్.

మరొక మార్గం, ఒక స్వతంత్ర వేరియబుల్ను మరొక స్వతంత్ర వేరియబుల్తో కోలనర్ కోఎఫిషియెంట్ను లెక్కించడం. ఈ కోఎఫిషియెంట్ 1కి దగ్గరగా ఉంటే, రెండు వేరియబుల్లు పూర్తిగా కోలినీయర్.

బహుళ కోలినియారిటీని ఎలా పరిష్కరించాలి

బహుళ కోలినియారిటీని పరిష్కరించడానికి అనేక మార్గాలు ఉన్నాయి. ఒక మార్గం, స్వతంత్ర వేరియబుల్లను తొలగించడం. ఈ సందర్భంలో, మనం బహుళ కోలినియారిటీని కలిగి ఉన్న వేరియబుల్లను తొలగిస్తాము.

మరొక మార్గం, స్వతంత్ర వేరియబుల్లను కలపడం. ఈ సందర్భంలో, మనం బహుళ కోలినియారిటీని కలిగి ఉన్న వేరియబుల్లను కలిపి ఒక కొత్త స్వతంత్ర వేరియబుల్ను సృష్టిస్తాము.

Chapter7. Advanced Statistical Techniques

అధ్యాయం 7: అధునాతన గణాంక శాస్త్ర పద్ధతులు

ఎనోవా (విచలన విశ్లేషణ): బహుళ సమూహాల మధ్య సగటలు పోల్చడం

ఎనోవా అనేది ఒక గణాంక పద్ధతి, ఇది బహుళ సమూహాల మధ్య సగటులలో గణనీయమైన తేడాలు ఉన్నాయో లేదో నిర్ణయించడానికి ఉపయోగిస్తారు. ఈ పద్ధతిని సాధారణంగా వైద్య, విద్యా, మార్కెటింగ్ మరియు ఇతర రంగాల్లో ఉపయోగిస్తారు.

ఎనోవా పద్ధతిని ఉపయోగించడానికి, మనం మొదట మనకు ఆసక్తి ఉన్న సమూహాలను నిర్వచించాలి. తరువాత, మనం ప్రతి సమూహంలోని ప్రతి ఒక్కరి కోసం ఒక కొలతను కొలవాలి. ఈ కొలతను "పరిమాణం" అని పిలుస్తారు.

ఎనోవా పద్ధతి ఈ క్రింది దశలను అనుసరిస్తుంది:

1. సగటుల మధ్య మొత్తం వ్యత్యాసం లెక్కించండి.

2. సమూహాల మధ్య వ్యత్యాసాన్ని వివరించే వ్యత్యాసాన్ని లెక్కించండి.

3. వ్యక్తిగత డేటాలోని వ్యత్యాసాన్ని వివరించే వ్యత్యాసాన్ని లెక్కించండి.

4. సమూహాల మధ్య వ్యత్యాసం వ్యక్తిగత డేటాలోని వ్యత్యాసం కంటే ముఖ్యమైనదో నిర్ణయించండి.

సగటుల మధ్య మొత్తం వ్యత్యాసం

సగటుల మధ్య మొత్తం వ్యత్యాసం (SSB) అనేది అన్ని సమూహాల సగటుల మధ్య ఉన్న మొత్తం వ్యత్యాసాన్ని సూచిస్తుంది. దీనిని కింది సమీకరణంతో లెక్కించవచ్చు:

$$SSB = \Sigma(Yi - \bar{Y})^2$$

ఇక్కడ:

- Yi అనేది iవ సమూహంలోని ఒక ప్రదర్శన
- $\bar{Y}$ అనేది అన్ని సమూహాల సగటు

సమూహాల మధ్య వ్యత్యాసం

సమూహాల మధ్య వ్యత్యాసం (SSW) అనేది అన్ని సమూహాల మధ్య ఉన్న వ్యత్యాసాన్ని సూచిస్తుంది. దీనిని కింది సమీకరణంతో లెక్కించవచ్చు:

$$SSW = \Sigma(Si - \bar{S})^2$$

ఇక్కడ:

- Si అనేది iవ సమూహంలోని సగటు
- $\bar{S}$ అనేది అన్ని సమూహాల సగటు

వ్యక్తిగత డేటాలోని వ్యత్యాసం

వ్యక్తిగత డేటాలోని వ్యత్యాసం (SSE) అనేది ప్రతి సమూహంలోని ప్రతి ఒక్కరిని సగటు నుండి వ్యత్యాసం సూచిస్తుంది. దీనిని కింది సమీకరణంతో లెక్కించవచ్చు:

$$SSE = \Sigma(Yi - Si)^2$$

ఇక్కడ:

- Yi అనేది iవ సమూహంలోని ఒక ప్రదర్శన
- Si అనేది iవ సమూహంలోని సగటు

చి-స్క్వేర్ పరీక్షణ: వర్గీకృత వేరియబుల్స్ మధ్య స్వాతంత్ర్యాన్ని అంచనా వేయడం

చి-స్క్వేర్ పరీక్షణ అనేది రెండు లేదా అంతకంటే ఎక్కువ వర్గీకృత వేరియబుల్స్ మధ్య స్వాతంత్ర్యాన్ని అంచనా వేయడానికి ఉపయోగించే ఒక గణాంక పరీక్ష. ఈ పరీక్ష రెండు వేర్వేరు వర్గీకృత వేరియబుల్స్ మధ్య సంబంధం ఉనికిని లేదా లేకపోవడాన్ని పరీక్షించడానికి ఉపయోగించవచ్చు.

చి-స్క్వేర్ పరీక్ష యొక్క ఊహ అనేది రెండు వేర్వేరు వర్గీకృత వేరియబుల్స్ మధ్య సంబంధం లేదు. ఈ ఊహను తిరస్కరిస్తే, రెండు వేరియబుల్స్ మధ్య సంబంధం ఉంది.

చి-స్క్వేర్ పరీక్షను నిర్వహించడానికి, మొదట మనం ప్రతి వర్గీకృత వేరియబుల్‌లోని గణాంకాలను సేకరించాలి. తరువాత, మనం ఊహను నిర్వహించడానికి మనం ఎదురుచూసే ఫలితాలను లెక్కించాలి. ఈ ఫలితాలను ఊహను నిజం అయితే మనం ఎదురుచూసే ఫలితాల నుండి తీసివేసి, మనం పొందిన తేడాను చి-స్క్వేర్ విలువ అని పిలుస్తారు.

చి-స్క్వేర్ విలువను ఒక చి-స్క్వేర్ పట్టికతో పోల్చడం ద్వారా, మనం ఊహను తిరస్కరించడానికి అవసరమైన స్థాయిలో ఆధారాలు ఉన్నాయా లేదా లేదా అనేది నిర్ణయించవచ్చు.

చి-స్క్వేర్ పరీక్ష యొక్క అనువర్తనాలు

చి-స్క్వేర్ పరీక్షను వివిధ రకాల సందర్భాలలో ఉపయోగించవచ్చు. కొన్ని ఉదాహరణలు:

- రెండు వేర్వేరు సమూహాల మధ్య స్థాయి లేదా మానసిక స్థితి యొక్క పంపిణీని పోల్చడం.

- రెండు వేర్వేరు వస్తువుల లేదా ఉత్పత్తుల మధ్య ప్రాధాన్యతలను పోల్చడం.

- రెండు వేర్వేరు కారకాల ప్రభావాన్ని పోల్చడం.

చి-స్క్వేర్ పరీక్ష యొక్క ప్రయోజనాలు

చి-స్క్వేర్ పరీక్ష అనేది సరళమైన మరియు సులభమైన పరీక్ష. ఇది చాలా సమాచారాన్ని అందిస్తుంది మరియు వివిధ రకాల సందర్భాలలో ఉపయోగించవచ్చు.

టైం సిరీస్ విశ్లేషణ: ట్రెండ్లు మరియు నమూనాలను కాలక్రమంలో అర్థం చేసుకోవడం

టైం సిరీస్ విశ్లేషణ అనేది ఒక నిర్దిష్ట కాల వ్యవధిలో డేటా యొక్క మార్పులను అధ్యయనం చేయడానికి ఉపయోగించే ఒక సాంకేతికత. ఇది మార్కెటింగ్, ఆర్థికాలు, మరియు ఇతర రంగాలలో విస్తృతంగా ఉపయోగించబడుతుంది.

టైం సిరీస్ విశ్లేషణ యొక్క ప్రధాన లక్ష్యం ట్రెండ్లు మరియు నమూనాలను గుర్తించడం. ట్రెండ్లు అనేవి డేటాలోని దీర్ఘకాలిక మార్పులు. నమూనాలు అనేవి డేటాలోని తక్కువ కాలిక మార్పులు.

టైం సిరీస్ విశ్లేషణ యొక్క కొన్ని సాధారణ పద్ధతులు ఇక్కడ ఉన్నాయి:

దృశ్య విశ్లేషణ: డేటాను గ్రాఫ్‌లు లేదా పట్టికలలో ప్రదర్శించడం ద్వారా మార్పులు మరియు నమూనాలను గుర్తించవచ్చు.

సాంఖ్యిక పద్ధతులు: డేటాలోని సాంఖ్యిక లక్షణాలను అధ్యయనం చేయడం ద్వారా ట్రెండ్లు మరియు నమూనాలను గుర్తించవచ్చు.

మెషిన్ లెర్నింగ్: కంప్యూటర్లను డేటాను అధ్యయనం చేయడానికి మరియు ట్రెండ్లు మరియు నమూనాలను గుర్తించడానికి ఉపయోగించవచ్చు.

టైం సిరీస్ విశ్లేషణ యొక్క కొన్ని ఉదాహరణలు ఇక్కడ ఉన్నాయి:

- ఒక వ్యాపారం తన ఉత్పత్తుల లేదా సేవల యొక్క అమ్మకాలను అంచనా వేయడానికి క్రైం సిరీస్ విశ్లేషణను ఉపయోగించవచ్చు.

- ఒక ఆర్థిక నిపుణుడు ఒక దేశం యొక్క ఆర్థిక వృద్ధిని అంచనా వేయడానికి క్రైం సిరీస్ విశ్లేషణను ఉపయోగించవచ్చు.

- ఒక వాతావరణ శాస్త్రజ్ఞుడు ఒక ప్రాంతంలో వాతావరణం ఎలా మారుతుందో అంచనా వేయడానికి క్రైం సిరీస్ విశ్లేషణను ఉపయోగించవచ్చు.

క్రైం సిరీస్ విశ్లేషణ అనేది ఒక శక్తివంతమైన సాధనం, ఇది వివిధ రంగాలలో మార్పులు మరియు నమూనాలను అర్థం చేసుకోవడానికి ఉపయోగించవచ్చు.

నాన్-పారామెట్రిక్ గణాంకాలు: డేటా సాధారణ పంపిణీని అనుసరించనప్పుడు

పరిచయం

పారామెట్రిక్ గణాంకాలు అనేవి డేటా యొక్క పంపిణీ గురించి కొన్ని అంచనాలను చేస్తాయి. ఉదాహరణకు, ఒక పారామెట్రిక్ పరీక్ష డేటా సాధారణ పంపిణీని అనుసరిస్తుందని అంచనా వేస్తుంది. డేటా సాధారణ పంపిణీని అనుసరించకపోతే, పారామెట్రిక్ పరీక్ష తప్పుడు ఫలితాలను ఇవ్వవచ్చు.

నాన్-పారామెట్రిక్ గణాంకాలు డేటా యొక్క పంపిణీ గురించి ఎటువంటి అంచనాలను చేయవు. అవి డేటాలోని నమూనాలను గుర్తించడానికి ఖచ్చితమైన మరియు స్థిరమైన పద్ధతులను ఉపయోగిస్తాయి.

నాన్-పారామెట్రిక్ పరీక్షల ప్రయోజనాలు

నాన్-పారామెట్రిక్ పరీక్షల ప్రయోజనాలు:

- అవి డేటా యొక్క పంపిణీ గురించి ఎటువంటి అంచనాలను చేయవు, కాబట్టి అవి డేటా సాధారణ పంపిణీని అనుసరించకపోయినా కూడా ఖచ్చితమైన ఫలితాలను అందిస్తాయి.
- అవి సాధారణంగా పారామెట్రిక్ పరీక్షల కంటే మరింత స్థిరమైనవి.
- అవి సాధారణంగా పారామెట్రిక్ పరీక్షల కంటే అర్థం చేసుకోవడానికి సులభం.

నాన్-పారామెట్రిక్ పరీక్షల ఉదాహరణలు

నాన్-పారామెట్రిక్ పరీక్షల కొన్ని ఉదాహరణలు:

* కి-స్క్వేర్ పరీక్ష: ఇది రెండు సమూహాల మధ్య పారామెట్రిక్ పరీక్షలో ఉపయోగించే డేటా యొక్క పంపిణీలను పోల్చడానికి ఉపయోగించే పరీక్ష.

* మాన్-వైట్ని యూనిటారి టెస్ట్: ఇది రెండు సమూహాల మధ్య పారామెట్రిక్ పరీక్షలో ఉపయోగించే డేటా యొక్క మధ్యస్థాలను పోల్చడానికి ఉపయోగించే పరీక్ష.

* కాల్స్ సర్వేస్ పరీక్ష: ఇది రెండు సమూహాల మధ్య పారామెట్రిక్ పరీక్షలో ఉపయోగించే డేటా యొక్క సర్వేస్లను పోల్చడానికి ఉపయోగించే పరీక్ష.

Chapter8. Putting it All Together: Case Studies and Applications

అధ్యాయం 8: అన్నీ కలిపి: కేసు అధ్యయనాలు మరియు అనువర్తనాలు

సంభావ్యత మరియు గణాంకాలు యొక్క నిజ-ప్రపంచ ఉదాహరణలు

సంభావ్యత మరియు గణాంకాలు అనేవి రెండు ముఖ్యమైన గణిత శాస్త్రాల రంగాలు, ఇవి అంచనా వేయడం, నిర్ణయాలు తీసుకోవడం మరియు డేటాను అర్థం చేసుకోవడానికి ఉపయోగించబడతాయి. ఈ రెండు రంగాలు వివిధ రంగాలలో విస్తృతంగా ఉపయోగించబడతాయి, వీటిలో ఆర్థిక, వైద్య, మార్కెటింగ్ మరియు సామాజిక శాస్త్రాలు ఉన్నాయి.

ఆర్థిక

ఆర్థికంలో, సంభావ్యత మరియు గణాంకాలు వివిధ రకాల అంచనాలు మరియు నిర్ణయాలు తీసుకోవడానికి ఉపయోగించబడతాయి. ఉదాహరణకు, సంభావ్యతను ఆర్థిక మార్కెట్లలో ధరల గమనాన్ని అంచనా వేయడానికి ఉపయోగించవచ్చు. గణాంకాలను ఆర్థిక డేటాను విశ్లేషించడానికి మరియు ఆర్థిక పరిస్థితి గురించి అవగాహన పొందడానికి ఉపయోగించవచ్చు.

వైద్య

వైద్యంలో, సంభావ్యత మరియు గణాంకాలు వ్యాధి నిర్ధారణ, చికిత్స మరియు నివారణలో ఉపయోగించబడతాయి. ఉదాహరణకు, సంభావ్యతను వ్యాధి ప్రమాదాన్ని అంచనా వేయడానికి ఉపయోగించవచ్చు. గణాంకాలను వైద్య పరిశోధన ఫలితాలను విశ్లేషించడానికి మరియు కొత్త చికిత్సల యొక్క ప్రభావాన్ని అంచనా వేయడానికి ఉపయోగించవచ్చు.

మార్కెటింగ్

మార్కెటింగ్‌లో, సంభావ్యత మరియు గణాంకాలు ఉత్పత్తులు లేదా సేవలను విక్రయించడానికి ఉపయోగించబడతాయి. ఉదాహరణకు, సంభావ్యతను కొత్త ఉత్పత్తుల కోసం లక్ష్య ప్రేక్షకులను గుర్తించడానికి ఉపయోగించవచ్చు. గణాంకాలను మార్కెటింగ్ ప్రచారాల యొక్క ప్రభావాన్ని అంచనా వేయడానికి ఉపయోగించవచ్చు.

సామాజిక శాస్త్రాలు

సామాజిక శాస్త్రాలలో, సంభావ్యత మరియు గణాంకాలు సామాజిక నమూనాలను అర్థం చేసుకోవడానికి ఉపయోగించబడతాయి. ఉదాహరణకు, సంభావ్యతను సమాజంలో ఒక వ్యక్తి యొక్క జీవిత కాలాన్ని అంచనా వేయడానికి ఉపయోగించవచ్చు. గణాంకాలను సామాజిక సమస్యలను అధ్యయనం చేయడానికి మరియు పరిష్కరించడానికి ఉపయోగించవచ్చు.

నిజ-ప్రపంచ సమస్యలను పరిష్కరించడంలో గణాంక విశ్లేషణ యొక్క శక్తి

గణాంక విశ్లేషణ అనేది డేటాను సేకరించడం, ఖచ్చితంగా విశ్లేషించడం మరియు అర్థం చేసుకోవడం యొక్క శాస్త్రం. ఇది వివిధ రంగాలలో ఉపయోగించబడుతుంది, వీటిలో ఆర్థిక, వైద్య, మార్కెటింగ్ మరియు సామాజిక శాస్త్రాలు ఉన్నాయి.

గణాంక విశ్లేషణ యొక్క శక్తిని నిజ-ప్రపంచ సమస్యలను పరిష్కరించడంలో దాని ఉపయోగం ద్వారా చూడవచ్చు. కొన్ని నిర్దిష్ట ఉదాహరణలు ఇక్కడ ఉన్నాయి:

ఆర్థిక

ఆర్థిక మార్కెట్లను అంచనా వేయడానికి: గణాంక విశ్లేషణను ఆర్థిక మార్కెట్లలో ధరల కదలికను అంచనా వేయడానికి ఉపయోగించవచ్చు. ఇది పెట్టుబడిదారులు మరియు వ్యాపారాలకు వారి నిర్ణయాలు తీసుకోవడంలో సహాయపడుతుంది.

ఆర్థిక విధానాల ప్రభావాన్ని అంచనా వేయడానికి: గణాంక విశ్లేషణను ఆర్థిక విధానాల ప్రభావాన్ని అంచనా వేయడానికి ఉపయోగించవచ్చు. ఇది ప్రభుత్వాలకు వారి ఆర్థిక విధానాలను రూపొందించడంలో సహాయపడుతుంది.

వైద్య

వ్యాధి ప్రమాదాన్ని అంచనా వేయడానికి: గణాంక విశ్లేషణను వ్యాధి ప్రమాదాన్ని అంచనా వేయడానికి ఉపయోగించవచ్చు. ఇది వ్యక్తులు మరియు సంఘాలు తమ ఆరోగ్యాన్ని మెరుగుపరచడానికి సహాయపడుతుంది.

- కొత్త చికిత్సల యొక్క ప్రభావాన్ని అంచనా వేయడానికి: గణాంక విశ్లేషణను కొత్త చికిత్సల యొక్క ప్రభావాన్ని అంచనా వేయడానికి ఉపయోగించవచ్చు. ఇది వైద్యులు మరియు రోగులకు ఉత్తమ చికిత్స ఎంపికలను ఎంచుకోవడంలో సహాయపడుతుంది.

మార్కెటింగ్

- లక్ష్య ప్రేక్షకులను గుర్తించడానికి: గణాంక విశ్లేషణను లక్ష్య ప్రేక్షకులను గుర్తించడానికి ఉపయోగించవచ్చు. ఇది మార్కెటర్లు తమ ప్రచారాలను మరింత ప్రభావవంతంగా చేయడంలో సహాయపడుతుంది.

- మార్కెటింగ్ ప్రచారాల యొక్క ప్రభావాన్ని అంచనా వేయడానికి: గణాంక విశ్లేషణను మార్కెటింగ్ ప్రచారాల యొక్క ప్రభావాన్ని అంచనా వేయడానికి ఉపయోగించవచ్చు. ఇది మార్కెటర్లు వారి ప్రచారాల నుండి ఎక్కువ ప్రయోజనం పొందడంలో సహాయపడుతుంది.

విమర్శనాత్మక ఆలోచన మరియు గణాంక ఫలితాల యొక్క వివరణను ప్రోత్సహించడం

విమర్శనాత్మక ఆలోచన మరియు గణాంక ఫలితాల యొక్క వివరణను ప్రోత్సహించడం అనేది విద్యావ్యవస్థలో చాలా ముఖ్యమైన అంశం. ఈ రెండు లక్షణాలు విద్యార్థులకు సమగ్ర మరియు సమాచారపూర్వక నిర్ణయాలు తీసుకోవడానికి సహాయపడతాయి.

విమర్శనాత్మక ఆలోచన

విమర్శనాత్మక ఆలోచన అనేది సమాచారాన్ని విశ్లేషించడం, సమస్యలను పరిష్కరించడం మరియు సృజనాత్మక పరిష్కారాలను రూపొందించడం యొక్క ప్రక్రియ. విమర్శనాత్మక ఆలోచనలోని కొన్ని ముఖ్యమైన అంశాలు:

- ప్రశ్నించడం: సమాచారాన్ని స్వీకరించే ముందు దానిని ప్రశ్నించడం ముఖ్యం. విద్యార్థులను సమాచారాన్ని ఎలా విశ్వసించాలో మరియు దానిని ఎలా విమర్శించాలో నేర్పించడం ముఖ్యం.

- వ్యత్యాసాన్ని గుర్తించడం: వివిధ అభిప్రాయాలు మరియు దృక్పథాల మధ్య వ్యత్యాసాన్ని గుర్తించడం ముఖ్యం. విద్యార్థులను వివిధ అభిప్రాయాలను వినడానికి మరియు వాటిని విమర్శనాత్మకంగా పరిశీలించడానికి నేర్పించడం ముఖ్యం.

- సమస్యలను పరిష్కరించడం: సమస్యలను పరిష్కరించడానికి సృజనాత్మక మార్గాలను కనుగొనడం ముఖ్యం. విద్యార్థులను సమస్యలను విశ్లేషించడానికి మరియు

వాటిని పరిష్కరించడానికి సమర్ధవంతమైన పరిష్కారాలను రూపొందించడానికి నేర్పించడం ముఖ్యం.

గణాంక ఫలితాల యొక్క వివరణ

గణాంక ఫలితాలను అర్థం చేసుకోగలగడం ముఖ్యం. గణాంక ఫలితాలు మనకు ప్రపంచం గురించి విలువైన సమాచారాన్ని అందిస్తాయి. విద్యార్థులను గణాంక డేటాను సేకరించడం, విశ్లేషించడం మరియు అర్థం చేసుకోవడం యొక్క సామర్థ్యాన్ని పెంపొందించడం ముఖ్యం.

విమర్శనాత్మక ఆలోచన మరియు గణాంక ఫలితాల యొక్క వివరణను ప్రోత్సహించడానికి కొన్ని మార్గాలు

• విమర్శనాత్మక ఆలోచనను ప్రోత్సహించడానికి విద్యార్థులను సవాళ్లను ఎదుర్కోవడానికి ప్రోత్సహించండి. విద్యార్థులకు సవాళ్లు ఎదుర్కోవడానికి అవకాశం ఇవ్వడం వలన వారు తమ ఆలోచనలను మరింత లోతుగా పరిశీలించడానికి మరియు సమస్యలను వివిధ కోణాల నుండి చూడటానికి ప్రోత్సహించబడతారు.

Chapter9. The Future of Probability and Statistics

అధ్యాయం 9: సంభావ్యత మరియు గణాంకాల భవిష్యత్తు

డేటా సైన్స్ రంగంలో కొత్త ధోరణులు మరియు అనువర్తనాలు

డేటా సైన్స్ అనేది డేటాను సేకరించడం, విశ్లేషించడం మరియు అర్థం చేసుకోవడం యొక్క ప్రక్రియ. ఇది ఒక శక్తివంతమైన సాధనం, ఇది వివిధ రంగాలలో ఉపయోగించబడుతుంది. డేటా సైన్స్ రంగంలో కొత్త ధోరణులు మరియు అనువర్తనాలు ఈ రంగంలోని భవిష్యత్తును రూపొందిస్తున్నాయి.

కొత్త ధోరణులు

డేటా సైన్స్ రంగంలో కొన్ని కొత్త ధోరణులు ఇక్కడ ఉన్నాయి:

- మెషిన్ లెర్నింగ్ మరియు ఆర్టిఫిషియల్ ఇంటెలిజెన్స్ (AI): మెషిన్ లెర్నింగ్ మరియు AI డేటాను విశ్లేషించడానికి మరియు అర్థం చేసుకోవడానికి కొత్త మార్గాలను అందిస్తున్నాయి. ఈ సాంకేతికతలను ఉపయోగించి, డేటా సైంటిస్టులు మరింత ఖచ్చితమైన మరియు సమాచారపూర్వక నిర్ణయాలు తీసుకోవడానికి సహాయపడే నమూనాలు మరియు భవిష్యత్ రూపకల్పనలను రూపొందించవచ్చు.

- క్లౌడ్ కంప్యూటింగ్: క్లౌడ్ కంప్యూటింగ్ డేటాను సేకరించడానికి, నిల్వ చేయడానికి మరియు విశ్లేషించడానికి కొత్త మార్గాలను అందిస్తున్నాయి. ఇది డేటా సైంటిస్టలకు డేటాకు సులభంగా యాక్సెస్ చేయడానికి మరియు వారి ప్రాజెక్ట్‌లను వేగంగా మరియు సమర్థవంతంగా పూర్తి చేయడానికి సహాయపడుతుంది.

- డేటా ఎథిక్స్: డేటా సైన్స్‌లో డేటా యొక్క విలువ మరియు మానవ హక్కులపై ఆందోళనలు పెరుగుతున్నాయి. డేటా ఎథిక్స్ అనేది ఈ ఆందోళనలను పరిష్కరించడానికి ఉద్దేశించిన ఒక కొత్త రంగం. డేటా సైంటిస్టులు డేటాను సేకరించడం, విశ్లేషించడం మరియు ఉపయోగించడం యొక్క సామాజిక మరియు నైతిక ప్రభావాలను అర్థం చేసుకోవడం మరియు పరిగణనలోకి తీసుకోవడం ముఖ్యం.

అనువర్తనాలు

డేటా సైన్స్ అనేక రంగాలలో ఉపయోగించబడుతుంది, వీటిలో ఉన్నాయి:

- వ్యాపారం: డేటా సైన్స్ వ్యాపారాలు వారి కస్టమర్లను మరింత బాగా అర్థం చేసుకోవడానికి, వారి ఉత్పత్తులు మరియు సేవలను మెరుగుపరచడానికి మరియు వారి ఆదాయాన్ని పెంచడానికి సహాయపడుతుంది.

గణాంకాలను ఉపయోగించడం యొక్క నీతిపరమైన ప్రభావాలు మరియు బాధ్యతాయుత డేటా విశ్లేషణ యొక్క ప్రాముఖ్యత

గణాంకాలు అనేవి డేటాను సేకరించడం, విశ్లేషించడం మరియు అర్థం చేసుకోవడం యొక్క శాస్త్రం. ఇది ఒక శక్తివంతమైన సాధనం, ఇది వివిధ రంగాలలో ఉపయోగించబడుతుంది. అయితే, గణాంకాలను ఉపయోగించడం వల్ల కొన్ని నైతిక ప్రభావాలు కూడా ఉంటాయి.

గణాంకాలను ఉపయోగించడం వల్ల కలిగే కొన్ని నైతిక ప్రభావాలు

ప్రజలను తప్పుగా ప్రదర్శించడం: గణాంకాలను తప్పుగా ఉపయోగించి ప్రజలను తప్పుగా ప్రదర్శించవచ్చు. ఉదాహరణకు, ఒక జాతి లేదా మతం గురించి అసత్యాలు ప్రచారం చేయడానికి గణాంకాలను ఉపయోగించవచ్చు.

సమాజంలో విభజనను పెంచడం: గణాంకాలను ఉపయోగించి సమాజంలో విభజనను పెంచవచ్చు. ఉదాహరణకు, ఒక వర్గం లేదా సమూహం గురించి ప్రతికూల అభిప్రాయాలను ప్రచారం చేయడానికి గణాంకాలను ఉపయోగించవచ్చు.

మానవ హక్కులను ఉల్లంఘించడం: గణాంకాలను ఉపయోగించి మానవ హక్కులను ఉల్లంఘించవచ్చు. ఉదాహరణకు, ఒక వ్యక్తి లేదా సమూహాన్ని లక్ష్యంగా చేసుకున్న నిర్ణయాలు తీసుకోవడానికి గణాంకాలను ఉపయోగించవచ్చు.

బాధ్యతాయుత డేటా విశ్లేషణ యొక్క ప్రాముఖ్యత

గణాంకాలను బాధ్యతాయుతంగా ఉపయోగించడం ముఖ్యం. బాధ్యతాయుత డేటా విశ్లేషణ అనేది డేటాను సేకరించడం, విశ్లేషించడం మరియు అర్థం చేసుకోవడం యొక్క ప్రక్రియ, ఇది నైతిక మరియు సామాజికంగా బాధ్యతాయుతమైనది.

బాధ్యతాయుత డేటా విశ్లేషణలో కొన్ని అంశాలు ఉన్నాయి:

- డేటా సేకరణ: డేటాను న్యాయంగా మరియు విశ్వసనీయంగా సేకరించడం ముఖ్యం.

- డేటా విశ్లేషణ: డేటాను విశ్లేషించడానికి సరైన పద్ధతులను ఉపయోగించడం ముఖ్యం.

- డేటా వివరణ: డేటా యొక్క పరిమితులను అర్థం చేసుకోవడం మరియు మీ ఫలితాలను సరైన పద్ధతిలో వివరించడం ముఖ్యం.

మన చుట్టూ ఉన్న ప్రపంచాన్ని అర్థం చేసుకోవడం మరియు ఆకృతీకరించడంలో ఒక సాధనంగా సంభావ్యత మరియు గణాంకాల భవిష్యత్తును ఊహించడం

సంభావ్యత మరియు గణాంకాలు అనేవి డేటాను సేకరించడం, విశ్లేషించడం మరియు అర్థం చేసుకోవడం యొక్క శాస్త్రాలు. ఈ రెండు శాస్త్రాలు మన చుట్టూ ఉన్న ప్రపంచాన్ని అర్థం చేసుకోవడానికి మరియు ఆకృతీకరించడానికి శక్తివంతమైన సాధనాలుగా పనిచేస్తాయి.

సంభావ్యత యొక్క భవిష్యత్తు

సంభావ్యత అనేది ఒక సంఘటన జరగే అవకాశాన్ని అంచనా వేయడానికి ఉపయోగించే గణితం యొక్క శాఖ. సంభావ్యత యొక్క భవిష్యత్తు చాలా ఉత్తేజకరంగా ఉంది. కృత్రిమ మేధస్సు (AI) మరియు మెషిన్ లెర్నింగ్ వంటి కొత్త సాంకేతికతల అభివృద్ధితో, సంభావ్యతను ఉపయోగించి మన చుట్టూ ఉన్న ప్రపంచాన్ని మరింత ఖచ్చితంగా మరియు సమగ్రంగా అర్థం చేసుకోగలుగుతాము.

సంభావ్యత యొక్క కొన్ని ముఖ్యమైన అనువర్తనాలు ఇక్కడ ఉన్నాయి:

- రోగ నిర్ధారణ: సంభావ్యతను ఉపయోగించి, వైద్యులు వ్యాధులను నిర్ధారించడానికి మరియు చికిత్సలను రూపొందించడానికి సహాయపడే సమర్థవంతమైన మార్గాలను అభివృద్ధి చేయగలుగుతారు.
- పరిశ్రమ: సంభావ్యతను ఉపయోగించి, వ్యాపారాలు వారి ఉత్పత్తులు మరియు సేవలను మెరుగుపరచడానికి మరియు

వారి ఆదాయాన్ని పెంచడానికి సహాయపడే నిర్ణయాలు తీసుకోగలుగుతారు.

- న్యాయం: సంభావ్యతను ఉపయోగించి, న్యాయవేత్తలు నేరాలు జరిగే అవకాశాన్ని అంచనా వేయడానికి మరియు న్యాయమైన తీర్పులను అందించడానికి సహాయపడే సాధనాలను అభివృద్ధి చేయగలుగుతారు.

గణాంకాల యొక్క భవిష్యత్తు

గణాంకాలు అనేది డేటాను సేకరించడం, విశ్లేషించడం మరియు అర్థం చేసుకోవడం యొక్క శాస్త్రం. గణాంకాల యొక్క భవిష్యత్తు కూడా చాలా ఉత్తేజకరంగా ఉంది. డేటా యొక్క పెరుగుతున్న అందుబాటుతో, గణాంకాలను ఉపయోగించి మన చుట్టూ ఉన్న ప్రపంచాన్ని మరింత లోతుగా మరియు సమగ్రంగా అర్థం చేసుకోగలుగుతాము.